U0134909

45度線 獲利秘訣

陳霖 著

目錄 CONTENTS

股市波濤洶湧　唯有技術不敗

在股市投資多年，發現「賠錢」的秘密有二，一個是散戶的懵懂無知，另一個是做手的逆勢對作，他們有一個共同點，就是不相信「技術分析」。

在台灣曾有一個知名的基金公司，他將旗下5檔基金的經理人全數裁掉，改由電腦程式執行交易，結果證明該5檔的基金表現的平均值，優於其他由人為操作的基金。

作者是一位技術分析的專業老師，在股市有數十年的經驗，從先前4本著作《10倍數操盤法》、《股市三寶》、《期權賺很大》《K線實戰秘笈》，都廣受投資人青睞，然而我們知道，每一個技術分析都有其盲點，而坊間著述大都以畫頸線，趨勢線，軌道線，扇形線或X線等，很少看到針對45度線的探討，今天看到作者推出《45度線獲利秘訣》，將45度線的畫線技巧能做如此深入的分析，頓時讓人解惑不少。

從書中了解到，45度線的用途非常廣泛，只要是金融商品有K線圖形就可以畫45度線，測出它的轉折點。

我常說，技術分析不是要讓你買到最低點，或是賣到最高點，而是讓你確認大趨勢翻轉的訊號，因為逆勢操作的結果有如逆水行舟，肯定是賠錢居多。所以當我們將45度線的畫線技巧應用於股票、期貨、選擇權，當指數或股價突破45度線或跌破45度線出手操作，大都會獲利，這就叫做順勢操作法，也是技術分析最大的精神所在。

　　在茫茫股海要獲利，學習是必須的，《45度線獲利秘訣》相信會給您耳目一新的觀念與做法。

卓越文化
大想法雜誌　總編輯　王嘉邦

杜 | 序　PREFACE

　　坊間有關技術分析的書籍琳瑯滿目，在浩瀚的技術分析中要整理出一套化繁為簡又可信賴的分析工具確實不易。本書作者陳霖兄集20年技術分析的深厚底子，加上實務的操作經驗，發現45度線用於判定指數或股價漲、跌、盤的轉折點成功率非常高。不吝出書《45度線獲利秘訣》分享投資大眾令人讚賞。

　　股市的方向只有漲、跌、盤三種變化。若能抓對第一時間的轉折點就可贏在起跑點。本書作者將45度線發揮的淋漓盡致。並列舉45度線出現轉折時，出手操作股票、期貨、選擇權的成功實例，並統計其績效。令人不得不相信45度線的精準度。

　　錢進股市除了必須解讀基本面、政治面、籌碼面、消息面…之外，技術面更是不可或缺的一環。陳霖兄以專業的精神，嚴謹的態度撰寫本書，集結其技術分析之精華。深信讀者看完這本書後並善加活用，必可趨吉避凶。新書出版本人先睹為快，深覺物超所值，想必投資人看完這本書也會值回票價。特予撰序推薦給所有的投資朋友們。

杜金龍

吳｜序

　　股票或期貨市場詭譎多變，全部開戶投資人中法人佔不小的比例，資深投資人尚能存在這些市場，代表已磨練出專業的實戰能力。若一般投資人只憑藉聽名牌或感覺操作股票或期貨，很可能落得血本無歸的下場，能不戒慎乎？股票或期貨市場有多空的循環，若只會作多或作空，很可能在多空的循環產生變化時，將前期所賺的金額全數吐光，甚至倒賠。個人認為需由總體經濟、融資融券籌碼，以及技術面的變化研判多空的方向，然後再決定做多或做空，如此才能在詭譎多變的股票或期貨市場立於不敗之地。

　　有關於技術面的探討，最原始且最廣為人知的是「道氏理論」。然而隨著股票或期貨市場多空循環的複雜化，「道氏理論」所探討的情況實有不足之處。《45度線獲利秘訣》一書提出45度線的畫線技巧，是實戰過程中的經驗累積，用於K線圖頗能測出多空的轉折。雖不能買在最低點，或賣在最高點，但是至少提供一個勝算較高的進場或出場依據，是值得一讀的股票或期貨市場實戰用書。

合庫證券
台南分公司經理　吳惠琴

李 序　PREFACE

　　金融市場是一個人人都嚮往，且希望能在此獲取財富的地方。但往往也是傷人最重的地方。如何能在這個市場中立足、穩定的獲利，相信這是大家所共同追求的目標。我曾經也是個受傷慘重的人。不服輸的個性，讓我看了無數本有關金融商品的書。希望能從書中學習到成功的方法與技巧。所以經常上網查新書、逛書店是我的興趣。直到發現了陳霖老師著作的書。它是一系列簡單易懂的書。開啟了我的另一扇門。我根據書中的方法開始試單，成功率很高。漸漸累積自己的自信心。去年8月份參加老師的教學課程，因為已經看熟了老師的書，所以上起課來更清楚明白。《10倍數操盤法》、《股市三寶》、《期權賺很大》、和新書《K線實戰秘笈》都融合在老師的教學課程中。其中，我最愛《期權賺很大》。這本書讓我獲利3倍。上課其實是非常有用的。今年4月份我又上完了第二次課程，彷彿打通任督二脈，更上層樓。真是非常開心。除了心情愉悅、財富也在快速的增加中。

　　老師的方法觀念也很適合用在國外的商品。我常應用在摩台、道瓊、歐元和黃金，利用「領先指標」賺到黃金，很棒吧！最近老師要出版一本有關「寶王」《45度線獲利秘訣》的書。45度線也是我做單必用的依據。我只是個學員受邀寫序，真是受寵若驚。但我很願意和大家分享這些成功的方法，同時也感恩老師的教導。相信有緣的你，多看陳霖老師一系列的書籍，並參加訓練課程。就能少走冤枉路，少受些傷，早日登上成功的殿堂享受獲利的快感。祝福大家！也預祝老師新書發表大大成功、大大熱賣。

退休專業投資人　李玉柔

林｜序

　　「股有：量、價、勢；勢有：漲、跌、盤。」掌握轉折關鍵點，判斷其中變化的精髓就是45度線。做選擇權想要賺錢，就要好好研究45度線。

　　筆者因工作關係聽過很多股票課程，也看過很多投資朋友做股票期貨選擇權的方法，殊不知往往最簡單的方法就是勝率最高的方法。這次投資朋友不要再和財神爺擦身而過了，學會45度線的標準畫法和精緻畫法的運用，就能研判轉折點，就能掌握先機切入操作選擇權並畫出支撐區與壓力區，學好股市三寶與陳霖老師選股八大指標就如同打通投資朋友的任督二脈，今後您在看K線圖時，浮現在您眼中的將是一條致富之道。

　　「有施予，才有收穫。」感謝陳霖老師不吝惜地把他的賺錢方法都教給投資朋友，讓大家獲益斐淺，書中不但舉例詳細，上升下降45度線使用時機及重點也都寫得非常清楚，堪稱最佳武功秘笈，讓您輕鬆學會賺錢之道。舉例來說：當指數跌破精緻畫45度線，則代表指數由漲改變為盤，更代表指數在短時間內不會突破前波高點。聰明的您，腦中立刻浮現多種勝率高的期權策略出來:1.算出期貨當沖支撐區與壓力區 2.架好價差策略單. 3.以賣方搭配買方的組合策略單。

　　股市三寶、三原則、六口訣（一口、二頸、三趨勢、四量、五型、六指標）、九重點、看456做123，這些方法可以說是「高勝算操盤法」也可當成「成功交易的SOP」更是投資朋友的「吃飯傢伙」。學會這些方法您將成為「股市裁判」，順勢操作，堪稱最精湛的實戰說明。

　　坊間上多是一些內容重覆的技術分析書籍，往往是研究愈久，讓您虧損的金額愈多，因為投資人一直在研究行情，而非實戰。只有陳霖老師的「高勝算交易SOP法」才是股市獲利之道。交易不只是一門藝術，期待投資朋友都能找到自己的一套交易原則，精通它，並對自己的交易原則完全負責，做一個45度線的專家，這樣市場自然而然就會給你應得的報酬。

精誠資訊經理　林暉純

袁｜序

　　想在變幻莫測的股市獲勝、賺取財富，並藉此改善家人的生活，應該是每個投資人最大的心願，但根據長期的資料顯示，多數的投資人最後都是以失敗收場，最主要的原因就是對股市的瞭解不夠深入，缺少專業知識。

　　影響股價漲跌的因素很多，但主要的有消息面、基本面、技術面這三大類，消息面的來源都是太突然，無法預測；如美國的911恐怖攻擊、台灣的921大地震等，因此很難學習預防。至於基本面，則永遠是老闆、大股東掌握第一手的資訊，外資、投信則依序取得第二手，而一般投資人從報章雜誌所取得的往往是第三手資訊，所以參考價值不是很高；尤其科技產業的基本面變化快速，投資人如果迷戀於手邊落後的基本面訊息，則往往是住進長期套房，損失慘重。技術面則包括K線、移動平均線、成交量及各種技術指標，這些工具都是對股價變動做規律的統計分析探討，實用價值頗高。

　　因此，我始終認為紮實的技術分析功力配合優異心理素質及情緒控管是成為股市贏家必備的條件，前者可從良師益友得到啟發幫助，而後者則要靠自己不斷的訓練、要求、反省得到改善。

　　陳霖老師是位非常專業的股市投資老師，尤其在技術分析領域更是有精闢獨到的見解。長期以來使用本公司所研發的股票技術分析軟體，其令我敬佩之外，就是利用過人才智，結合軟體優異功能，創造出令人激賞的股市實戰工具，並出書與投資人分享。

　　在這十幾年當中陸續推出了《10倍數操盤法》、《股市三寶》、《期權賺很大》、《K線實戰秘笈》等多本精彩好書，並引起廣大投資朋友的回響。此次即將推出的新書《45度線獲利秘訣》，對45度切線有非常詳盡的探討，如能非常熟練，書中所提的標準畫法、精緻畫法，則應能大幅提高在股市、期貨、選擇權等金融商品的操作勝率，書中所舉的實戰範例更是值得投資人仔細推敲、研究、學習，相信這本書必能幫助想要在金融市場獲勝的投資人；也會是一本非常暢銷的好書。

大富資訊 總經理 袁凌雲

莊｜序

　　在經濟學裡面，很多經濟學家也喜歡利用45度線這種簡易明瞭的圖示分析來說明某種均衡關係，45度線或是費波那西數列都具有古老卻恆久的智慧，陳霖老師的45度線行情分析法有異曲同工之妙，維持其一貫簡單精準的風格，提供讀者在金融投資上另一個實用的分析工具。

　　拜資訊科技發達所賜，隨手可得的技術分析軟體與泛濫的行情分析報告，都使得現代投資人便利過了頭，很認同陳霖老師的技術分析，總是要讓交易人要自己動動手、動動腦，其實交易聖杯不假外求，仔細拜讀本書並實際應用，必能對交易功力有所提升！

統一期貨
台南分公司 經理　莊凱迪

張｜序　PREFACE

　　股市起起浮浮，投資人心情也隨之有高有低，因此常有追高殺低，賣在低檔.買在高檔的反獲利原則行為發生，事後也後悔莫及。為此，建立客觀的投資行為模式，是股市老手避免被雜訊交易坑殺的必備知識，也是技術分析存在的價值。陳老師多年來專研股市理論，著作等身，從各角度理性看證　市場走向，可謂學有專精，發人深省處良多。

　　陳老師最新力作（45度線獲利秘訣），以新思維探討股市漲跌要因，從各面相研究股市未來走向之影響因子，實為投資人進出股市必讀之一，今蒙陳老師不棄，邀代為序，特為文敬薦，並賀大作暢銷，使更多投資人受益。

南台科大財金教授　張　上　財

楊｜序

　　股市投資是許多投資大眾最喜歡做的一件事，如果做對方向，財源廣進，意氣風發，到處吹噓；反之如果做錯方向，損失鉅資，灰頭土臉，意志消沈，悔不當初。

　　所以，大多數人都認為自己相信基本面，選股要看公司的獲利能力，營業利益率、本益比毛利率、長期競爭力等等。例如2498宏達電2011年獲利EPS73元，股價狂漲至1300元，投信法人喊到1500元~1700元、外資更喊到2000元，投資散戶更是競相追價，但到2012年5月因歐債危機、證所稅搖擺不定、全世界經濟衰退。宏達電股價崩跌到340元，本益比僅5.8倍左右，但仍未止跌，大盤低檔盤整，不知底部確定了沒？

　　陳霖老師累積在股市二十餘年之實務經驗，其研判行情或選股除了從基本面切入之外，亦會審酌技術面與消息面的影響。此次著作新書《45度線獲利秘訣》彙整了技術面的精髓，投資大眾應靜心拜讀，心領神會，融入貫通，對投資方向，買賣取決點，波段獲利定大有可為。特此撰序推薦給投資大眾並敬祝讀者投資順利，心想事成。

太平洋新聞報
躍駿投資(股)公司總經理　　楊鑛駿

　　陳霖老師再度出新書了！這一次是寫《45度線獲利秘訣》！陳霖老師一直是鑫報很受歡迎的分析師，每次演講、教學都是很叫座都有很好的口碑。

　　我對陳霖老師在股市的執著深深敬佩，市場風風雨雨，歐債一波未平一波又起，證所稅干擾這麼深，而陳霖老師本著「捨我其誰」的堅持，還在股市技術面對所有他的伙伴在努力、在耕耘，實在令人感動。

　　這本新書以45度線來作主題，從入門畫法→標準畫法→精緻畫法，列各種應用操作，這是實地操作的戰將的心得論敘，值得珍藏學習。

　　各位讀者，一本好的書不是只有著者在告訴您什麼，一本好書還要讓讀者跟著思考—股市能不能由「過去」去抓住「未來」，那裡藏著無窮的財富。

前面幾本書都大賣，陳霖老師的書永遠有三個特點：

一、 他把股票期貨教學「口訣化」，例：三大原則、六大口訣、九大重點，把內容用口訣來重點化，讓大家易記易操作。

二、 他的文筆流暢，文字簡潔有力，書看起來非常順暢，初學者一下子可以抓到重點。

三、 他非常懂教育心理學，他知道大家需要的是什麼，而且圖文並茂，許多繁雜的道理他表達起來變得簡單易懂。

祝大家股市期貨雙雙大利！

　　　　　　　　鑫報報業董事長
　　　　　　　　奧林匹克文教集團總裁　李坤龍

作 者 序

　　本書《45度線獲利秘訣》是筆者的第五本著作。先前的四本著作《10倍數操盤法》、《股市三寶》、《期權賺很大》、《K線實戰秘笈》廣受投資人青睞，口碑相傳銷售量直線上升。除了很多國內購書寄給國外的朋友之外，更有海外直接匯款至國內購書的朋友如新加坡的Vincent Ong等。筆者以感恩的心謝謝購書的每一位讀者謝謝你們。

　　撰寫《45度線獲利秘訣》的動機在於45度線是畫線技巧中最重要的一種分析工具。在技術分析的領域，畫線是必修的學分。而坊間大都以畫頸線，趨勢線，軌道線，扇形線或X線等，作為出書或上課的教材。很少看到針對45度線的探討。因此筆者才決定撰寫一本45度線的專用書。

　　45度線的用途非常廣泛，只要是金融商品有K線圖形就可以畫45度線，測出它的轉折點，而且成功率可高達8成以上。在本書中特別把45度線的畫線技巧應用於股票、期貨、選擇權。您會發現當指數或股價突破45度線或跌破45度線出手操作，大都會獲利。並統計其獲利績效。讓讀者對45度線有信心。

　　因為45度線有角度的限制，因此要畫45度線時必須將K線圖表設定為黃金比例的長方形。亦稱「黃金矩

形」。其長寬比是1.618：1。且圖表中K線的數量必須是110或111根如此畫出的45度線才會精準。

股有量、價、勢。勢有漲、跌、盤。而判定漲、跌、盤的不二法門就是股市三寶：K線、均線、45度線。此三寶中單就45度線這一寶就可獨挑大梁判定漲、跌、盤的轉折點。因此筆者把它稱作「寶王」。又因為其判定漲、跌、盤的精準度很高，因此筆者也把45度線稱作線王。

我們有很多學員已學會畫45度線。透過45度線的標準畫法與精緻畫法應用在實務的操作上屢戰屢勝。頻頻獲利。難怪常聽學員講：「只要一支三角板就可悠遊股海，不勝美好」。期待並祝福讀者看完本書後能功力大增，擺脫散戶屢戰屢敗的宿命翻轉成屢戰屢勝的股市達人，人人成為股市高手。

最後我要真誠感謝參與本書著作、校對、編輯的好友國欽、振瑋、宇廷、振潔與撰寫心得分享的學員以及受邀寫序的先進們，再一次感恩謝謝你們。

 筆於台南

前 | 言

　　影響指數或股價的漲跌有三種面向：基本面、技術面、消息面，對於散戶而言基本面是落後指標。因為當上市公司基本面公佈後如月報、季報…等，股價已事先反應。因為大股東一定先知道公司的營運狀況，而消息面根本無法預知更談不上學習。當消息面出來時只能解讀。若解讀錯誤，做錯方向當然就會虧損。筆者撰寫本書時剛好遇到財政部在101年4月公佈課徵證所稅。很多分析老師解讀主力大戶會在年底之前拉一波將股價成本墊高，隔年再賣出就不會課到稅。

　　如此解讀是錯誤的，試想大股東持股最多，若拉一波不但必須投入大筆資金，又讓外資、法人、散戶有機會高出。何況證所稅公佈後，社會各界還在討論中，立法院也尚未通過此案。大股東願意拉抬嗎？像這種利空尚未出盡之前散戶若相信部份老師的解讀貿然進場必然鎩羽而歸。

　　既然基本面無法事先得知。而突如其來的消息面也無法預知解讀。那麼我們只好先學技術面。因為技術面是忠實反應投資人交易的記錄。從這些記錄分析比對來研判未來的走勢。雖然無法達到百分百，但很有參考價值。因此我們對於選股設定三步驟：先看技術面，再查基本面，解讀消息面。如此面面俱到就可達到完美的境界。

FOREWORD

　　45度線是技術面的一環。經過筆者長時間的追蹤統計發現它的成功率很高。因此著作本書分享筆者統計分析的成果。45度線除了可以判定漲、跌、盤的轉折點之外，也可用於選股或設定期貨指數的買賣點。尤其應用在選擇權的操作，更有顯著的績效。在本書的學員分享中時常看到學員對45度線的操作心得。可見45度線廣受學員們的青睞。

　　技術分析除了45線之外還有很多值得參考的指標。如《期權賺很大》書中所提出的四個領先指標。《K線實戰秘笈》書中所提出的基本量、攻擊量、換手量、出貨量、進貨量、止跌量、止漲量等。或《10倍數操盤法》、《股市三寶》書中所提出的量價關係、型態學、RSI、KD、MACD⋯等技術指標的應用等都是很有參考價值。所謂應用之妙存乎於心。

　　由衷期盼本書能帶給您技術加分，獲利滿分。如學員李小姐所言：「進步到不行，賺到不行」。果真如此，筆者與有榮焉。

為了讓本書讀者能快速閱讀本書的精華。特別撰寫導讀以利讀者大人能在最短的時間各取所需。

一、 本書內容共有十章分成四大重點

1. 畫45度線的規格表

2. 45度線的標準畫法與精緻畫法。

3. 45度線應用在股票、期貨、選擇權的要領。

4. 如何利用黃金切割率與費波納西數列預測空間與時間。支撐與壓力。

二、 如果您還未學習45度線的畫線技巧，就應該從第一章開始循序漸進的閱讀較有系統。且建議新手多看幾遍必有所得。

三、 如果您已學會畫45度線可直接看第五、六、七章45度線如何應用在股票、期貨、選擇權的操作要領。

四、 第五、六、七章是本書的精華，我們舉各種實例將45度線應用在股票、期貨、選擇權，並統計其獲利績效。其中45度線應用在選擇權的成功率最高績效最好。

五、 不了解黃金切割率與費波納西數列的讀者可先看第八章。

六、 本書第十章是全省北中南學員成功經驗的分享文章，值得一看。

七、 他山之石可以攻錯。學習別人成功經驗就是邁向成功的最佳捷徑。但願本書對讀者有所助益。也祝福您功力大增賺大錢。

第 一 章
畫45度線規格表

重 點 提 示

◎ 為何要學45度線

◎ 畫45度線的規格與黃金矩形

◎ K線圖表中的K線數量

1-1 為何要學45度線

　　股市永遠都是漲、跌、盤三種變化。如果能抓準漲、跌、盤的轉折點就可贏在起跑點。因此每一位投資人必須有能力判定漲、跌、盤的轉折點。而「股市三寶」就是判定漲、跌、盤的不二法門。

股市三寶：

　　第一寶：K線。

　　第二寶：均線。

　　第三寶：45度線。

　　在筆者所著《股市三寶》與《期權賺很大》書中皆有詳細說明如何利用股市三寶判定漲、跌、盤的轉折點，或許您會問既然這二本書已有闡述股市三寶的功能為何還要出這本《45度線獲利秘訣》的新書。豈不是有重覆之嫌。筆者認為45度線，除了判定漲、跌、盤之外。其最大的功能是可利用「45度線」操作期貨與選擇權。在先前四本著作中較少談到這一點。因此本書特別強化「45度線」的功能。如此對操作期貨與選擇權的朋友就有很大的幫助。

　　雖然「45度線」不是股市的萬靈丹，但其精準度非常高，因此筆者把它稱作股市三寶的「寶王」在《K線實戰秘笈》書中所記載學員分享文章裡，您會發現有很多投資朋友分享45度線所操作成功的實例，值得一看再看。

寶王45度線

　　股市三寶：K線、均線、45度線。在這三寶中我們特別把45度這一寶尊稱為寶王。因在股市三寶中。K線這一寶比較靈敏，容易誤判。均線這一寶比較遲鈍是落後指標。而45度線取其中庸之道。用於判定漲、跌、盤的轉折點成功率最高。因此我們把它稱作股市三寶的寶王。因此會畫45度線的朋友。僅用45度線這一寶就可判定指數或個股漲、跌、盤的轉折點。

　　寶王45度線好比國王或總統具有權威性。也是最後的裁決者。古代國王出巡必須有高規格的護駕規格。現在雖是民主社會。但總統到民間訪察時，也要有國安單位的維安勤務。因此我們要畫45度線時也要有一定的規格。否則每一個人畫出的45度線，其指數的位置，或股價的價位就會不同。

　　由於坊間的股票軟體廠牌很多。每一家股票軟體公司所設計出來的K線圖不盡相同。因此雖然有了統一的規格條件畫45度線，但每一家股票軟體在相同的規格條件之下所畫的45度線不可能百分百相同。但是有一點小誤差無傷大雅。但其基本的標準條件是必需的。

1-2 畫45度線的規格（黃金矩形）

　　在各廠牌的股票軟體中大都可將K線圖的長寬比調整到1.618：1的黃金矩形。若您使用的電腦畫面是寬螢幕可將電腦畫面的「解析度」調到「1024 ×768」。如何把解析度調到1024 × 768， 如果電腦作業系統是XP可在桌面按滑鼠右鍵，再按內容，就可調整解析度。如果作業系統是Windows7可在桌面按滑鼠右鍵，再按螢幕解析度。

如圖所示是黃金矩形（長方形），黃金比率1.618：1，

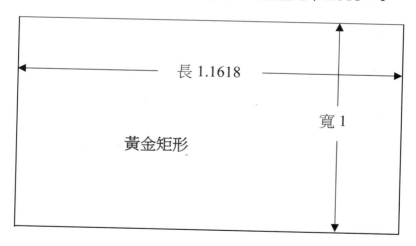

可參閱圖（1-1）的大盤45度線的標準規格表範例。

1-3　K線圖表中的K線數量

　　K線的圖表以算術表為原則。若使用對數表亦可，但會有一些誤差。

　　先前在《10倍數操盤法》與《股市三寶》書中建議在黃金矩形裡面的K線數量設定在80～120根之間。但為了讓大家所畫出的45度線其誤差縮小，因此在本書中筆者建議以110或111根K線為標準。

　　在筆者的訓練課程中有一堂課「畫線技巧」對45度線的規格與畫法都有詳細的說明。在我們的書友會網站http://chen-lin.idv.tw/。也會適時在「技術傳承」的欄位畫出大盤的45度線圖供學員參考頗受好評。

畫45度線的規格表如下：

K線圖表	K線圖長寬比	K線數量
算術表	1.618：1	110～111根
對數表	1.618：1	110～111根

大盤45度線的標準規格表範例

圖（1-1）

一、如圖（1-1）是畫45度線的標準規格K線圖表。

二、表中可看出長寬比是1.618：1。

三、圖表使用的是算術表，且表內的K線數量有110根。

第 二 章
45度線的標準畫法

2-1 上升45度線的標準畫法

當45度線的標準規格（格式）設定好之後就可著手畫45度線。目前股票軟體都有畫45度線的功能。若您所使用的股票軟體沒有畫45度線的功能。可用45度的尺（三角板）緊貼在螢幕上利用畫線的功能畫出45度線。

上升45度線的標準畫法與操作要領

一、依目前的指數或股價找前一波或最近的低點，往上畫出一條上升45度線，如圖（2-1）所畫出的上升45度線稱作「標準畫法」。

二、圖中①、②、③所示都是尋找先前每一波的低點所畫出的上升45度線。當然要以目前所畫的圖中③所示才是最近的45度線。圖中①與②是先前的45度線，已經被跌破。圖中③則還未跌破。

三、您會發現當大盤指數跌破標準畫的上升45度線時都會下跌一波。對於操作期貨指數與選擇權的朋友就可利用跌破45度線短空。在未來的章節會詳細說明。

●您是否發現當指數跌破標準畫法的上升45度線時再把股價賣掉或作空期權是否慢了一點。無法賣在相對高點。此時就要靠上升45度線的精緻畫法較有機會賣得比較高。45度的精緻畫法，在第三章會討論。

四個領先指標可賣在相對高點買在相對低點

在《期權賺很大》書中筆者提出四個領先指標就可以賣在最高點或相對高點。買在最低點或相對低點。

四個領先指標的名稱如下：

一、價乖離

二、軌道線

三、RSI臨界值

四、技術指標的二次背離

如圖(2-1)虛線部分就是上升軌道線的上沿，亦是軌道線的領先指標。當指數觸及軌道線上沿如圖中所示7475或7743賣出或做空可賣在相對高點。

軌道線如何畫法可參閱《10倍數操盤法》書中的說明，其他如價乖離、RSI臨界值、技術指標二次背離等領先指標可參閱《期權賺很大》123頁第五章的說明，個股的價乖離則參閱《K線實戰秘笈》書中的第七章第二節。

本書是針對45度線的功能再次強化，使各位讀者能熟練45度線功能且並用在股票，期貨與選擇權的操作上，以提高勝率。

上升45度線標準畫法範例

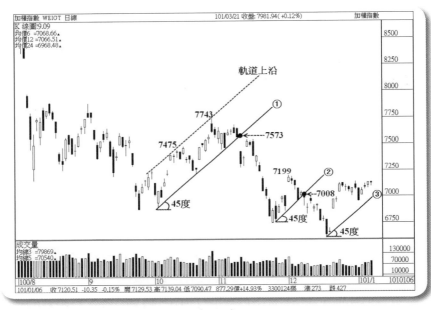

圖（2-1）

如上圖所示是大盤指數圖。

一、圖中①、②、③所示是上升45度線的標準畫法。

二、指數跌破圖中①與②時皆下跌一波。

三、圖中③所示指數尚未跌破上升45度線。

四、圖中虛線部分是與圖中①形成上升軌道線。而虛線
　　部分是軌道線上沿，可視為領先指標。圖中①45度
　　線剛好是軌道線下沿。

2-2　下降45度線的標準畫法

　　上一節我們所談的是上升45度線的標準畫法，本節則是下降45度線的標準畫法。

下降45度線的標準畫法與操作要領：

一、依目前的指數或股價找前一波或最近的高點，往下畫出一條下降45度線，如圖（2-2）所畫出的下降45度線稱作「標準畫法」。

二、圖中①、②、③所示都是尋找先前每一波的高點所畫出的下降45度線。

三、您會發現當大盤指數突破標準畫法的下降45度線時都會上波一波。對於操作期貨指數與選擇權的朋友就可利用突破45度線短多。在未來的章節也會詳細說明。

◉您是否發現當指數突破標準畫法的下降45度時才買股票或做多期權，是否慢了一點。無法買在相對低點。此時就要靠下降45度線的精緻畫法較有機會買得比較低。45度的精緻畫法，在第三章會討論。

下降45度線標準畫法範例

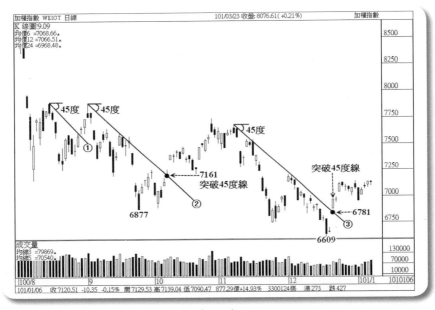

圖（2-2）

如上圖所示是大盤指數圖。

一、圖中①、②、③所示是下降45度線的標準畫法。

二、當指數突破圖中①、②、③時皆上漲一波。

2-3　45度線標準畫的缺點

　　雖然利用標準畫法的45度線可以買在「最佳買點」與賣到「最佳賣點」。但無法買在「相對低點」或賣在「相對高點」。

從圖（2-1）可看出：

一、當指數跌破圖（2-1）所標示的上升標準畫法的45度線①時，距離此波高點7743相差170點（7743 − 7573）＝170。

二、當指數跌破圖（2-1）所標示的上升標準畫法45度線②時，距離此波的高點7199也是相差191點（7199 − 7008）＝191。

從圖（2-2）可看出：

一、當指數突破圖（2-2）所標示的下降標準畫法45度線②時，距離此波的低點6877相差284點（7161 − 6877）＝284。

二、當指數突破圖（2-2）所標示的下降標準畫法45度線③時，距離此波的低點6609相差172點（6781 − 6609）＝172。

　　因此可見利用45度線的標準畫法切入買進或賣出，無法買得更低或賣得更高。為了改善此一缺點，我們在下一章會提出45度線的精緻畫法。如此就可買在相對低點，或賣在相對高點。

現在筆者在以兩檔個股作實例提供給讀者參考

如圖（2-3）是億光（2303）的日線圖

一、 圖中①所示是上升45度線的標準畫法。前波高點62.4元。當股價跌破圖中①所示的上升45度線其位置57元。距離62.4元相差5.4元。

二、 換句話說當股價跌破「標準畫法」的45度線時再賣出，賣得價位較低，下一章我們會提到45度線的精緻畫法。若利用45度線的精緻畫法所賣出的價位會比較高。

如圖（2-4）是華碩（2357）的日線圖

一、 圖中①所示是下降45度線的標準畫法。前波低點是178元。當股價突破圖中①所示的下降45度線其位置202元。距離178元相差24元。

二、 換言之當股價突破「標準畫法」的45度線時再買進，買得價位較高。下一章我們會提到45度線的精緻畫法。若利用45度的精緻畫法所買進的價位會比較低。

　　至於要買在最低點（相對低點）。或賣在最高點（相對高點），須靠領先指標。在《期權賺很大》書中的第123頁我們提出四大領先指標。精準度很高，值得參考。

圖（2-3）

如圖所示是億光日線圖。

一、如圖中①所示是45度線的標準畫法。

二、當股價跌破上升45度線的位置，其價位是57元，距離最高價是62.4元，相差5.4元。

三、因此利用45度線的標準畫法賣出股票無法賣在相對高點。

圖（2-4）

如圖所示是華碩日線圖。

一、圖中①所示是45度線標準畫法。

二、當股價突破下降45度線的位置，其價位是202元，
　　距離最低價是178元相差24元。

三、因此利用45度線的標準畫法買進股票無法買在相對
　　低點。

　　雖然45度線的「標準畫法」其缺點是無法買到相對低點與賣到相對高點，但可視為最佳買點與最佳賣點。也是波段操作的最後買點與賣點。換言之操作波段的朋友可依標準畫法的45度線，作為停利或停損點。

　　在下一個章節我們即將談到45度線的「精緻畫法」，利用精緻畫法我們可以買到相對低點與賣到相對高點。雖然精緻畫法可以買到相對低點與賣到相對高點，但技術分析不可能百分百，偶而也會馬失前蹄，產生誤判。不過45度線最大的優點是當發生誤判時馬上會知道，可即時更正，以免虧損擴大。

　　在技術分析的領域中45度線應用的範圍非常廣。凡舉股票、期貨、選擇權、或其他金融商品等全方位適用。其中應用在選擇權的成功率最高。本書的特色除了介紹45度線的畫法之外，最重要的是分享如何將45度線應用在股、期、權。尤其是選擇權。在每一次45度線的轉折中，若即時出手，皆有不錯的利潤。

　　45度線也可說是筆者的「Know-How」。本書上市是市場唯一對45度線發揮到淋漓盡致的一本經典好書。讀者若看得不錯，請多多介紹股友購買，感恩啦！

第 三 章
45度線的精緻畫法

重 點 提 示

◎上升45度線精緻畫法的條件

◎下降45度線精緻畫法的條件

◎避免跳空上漲缺口的錯誤畫法

◎避免跳空下降缺口的錯誤畫法

3-1 上升45度線精緻畫法的條件

　　當指數或股價在上升趨勢中，從K線的排列組合可發現三種情況：

　　一、K線跳空上漲留下一個上漲缺口。（缺口的位置）

　　二、K線橫向盤整數天後再上漲。（橫盤後的突破）

　　三、K線小幅拉回後再續漲。（小波段的底部或低點）

　　在上漲趨勢中若出現以上三種情況時，我們就可以加畫一條上升45度線。我們所加畫上去的上升45度線，就稱作精緻的畫法。

　　在操作上，當指數或股價跌破上升精緻畫法的45度線時，就可執行賣出。如此可賣在相對高點。我們有很多學員已學會畫45度線的精緻畫法。除了應用在個股的操作上，同時也可應用在期貨指數與選擇權的操作上。皆有不錯的獲利機會。讀者可從《股市三寶》、《期權賺很大》、《K線實戰秘笈》或本書的學員分享中看出他們對45度線的讚嘆。

獲利秘訣

如何界定缺口的上限、下限、最上限、最下限

如圖所示是跳空上漲的缺口：

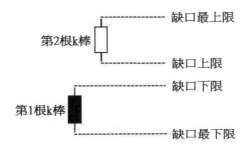

如圖所示是跳空下跌的缺口：

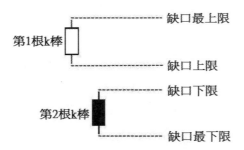

　　跳空缺口是由兩根K棒組成。如果是跳空上漲缺口則第1根K棒的最低點稱作缺口最下限，最高點稱作缺口下限。第2根K棒的最低點稱作缺口上限，最高點稱作最上限。

　　反之跳空下跌的第1根K棒的最高點稱作缺口最上限，最低點稱作缺口上限。第2根K棒的最高點稱作缺口下限，最低點稱作缺口最下限。

44

現在筆者先畫三個上升精緻畫法的簡圖,再以實際的範例畫給讀者參考。

一、缺口的位置(畫在缺口的上限(沿))

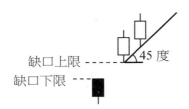

二、橫盤後的突破(突破頸線)

三、小波段的底部(低點)

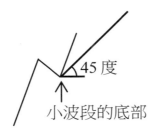

　　為了讓讀者比較容易看清楚上升45度線的精緻畫法，筆者先舉一個指數大波段上漲的實例畫給讀者參考。往後再舉一些「整理盤」的指數或個股畫給讀者參考。

如圖（3-1）是期貨指數的日線圖

圖中①所示是上升45度線的標準畫法。

圖中②所示是上升45度線「橫盤後的突破」所畫的精緻畫法。

圖中③所示是上升45度線「跳空上漲在缺口上限（沿）」所畫的精緻畫法。

圖中④所示是上升45度線「在小波段的底部（低點）」所畫的精緻畫法。

圖中⑤所示是上升45度線「跳空上漲在缺口上限（沿）」所畫的精緻畫法。

　　您會發現當指數跌破圖中⑤的精緻畫法時，所賣出的指數會比跌破圖中①標準畫法，所賣出的指數高出很多，大約有500點的價差。

　　若是波段操作的朋友就可考慮跌破標準畫法如圖①所示再行賣出亦可，但賣出的點數比較低。

圖（3-1）

上圖所示是期貨指數日線圖。

一、圖中①所示是上升45度線的標準畫法。

二、圖中②所示是橫盤突破後的精緻畫法。

三、圖中③所示是跳空上漲缺口的精緻畫法。

四、圖中④所示是小波段底部（低點）的精緻畫法。

五、圖中⑤所示是跳空上漲缺口的精緻畫法。

六、當指數跌破圖中⑤時賣出，可賣到相對高點。

3-2 下降45度線精緻畫法的條件

當指數或股價在下降趨勢中從K線的排列組合中也可發現三種情況：

一、K線跳空下跌留下一個下跌缺口（缺口的位置）。

二、K線橫向整理數天後再下跌（橫盤後的跌破）。

三、K線小幅反彈後再續跌。（小波段的頭部或高點）。

在下跌趨勢若出現以上三種情況時，我們就可加畫一條下降45度線。我們加畫上去的下降45度線，就稱作精緻的畫法。

在操作上當指數或股價突破下降精緻畫法的45度線時，就可執行買進，如此可買在相對低點。我們有很多學員已學會45度線的精緻畫法。除了應用在個股的操作上，同時也可應用在期貨指數與選擇權的操作上。皆有不錯的獲利機會。讀者可從《股市三寶》、《期權賺很大》、《K線實戰秘笈》或本書的學員分享中看出他們對45度線的讚嘆。

　　現在筆者先畫三個下降精緻畫法的簡圖，再以實際的範例畫給讀者參考。

一、缺口的位置（畫在缺口的下限（沿））

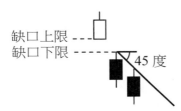

二、橫盤後的跌破（跌破頸線）

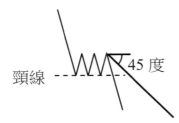

三、小波段的頭部（高點）

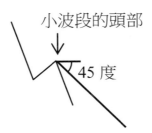

　　為了讓讀者比較容易看清楚下降45度線的精緻畫法。筆者先舉一個指數大波段下跌的實例畫給讀者參考。往後再舉一些「整理盤」的指數或個股畫給讀者參考。

如圖（3-2）是期貨指數的日線圖

圖中①所示是下降45度線的標準畫法。

圖中②所示是下降45度線「跳空下跌在缺口下限（沿）」所畫的精緻畫法。

圖中③所示是下降45度線「在小波段的頭部（高點）」所畫的精緻畫法。

圖中④所示是下降45度線「跳空下跌在缺口下限（沿）」所畫的精緻畫法。

　　您會發現當指數突破圖中④所買進的指數會比突破圖中①標準畫法，所買進的指數低很多。

　　若是波段操作的朋友就可考慮突破標準畫法如圖中①所示再行買進亦可，但買進的點數比較高。

圖（3-2）

上圖所示是期貨指數日線圖。

一、圖中①所示是下降45度線的標準畫法。

二、圖中②所示是跳空下跌缺口的精緻畫法。

三、圖中③所示是小波段頭部（高點）的精緻畫法。

四、圖中④所示是跳空下跌缺口的精緻畫法。

五、當指數突破圖中④時買進，可買到相對低點。

3-3 避免跳空上漲缺口的錯誤畫法

　　我們所列出45度精緻畫法的三個條件中，以缺口的精緻畫法投資人較容易畫錯。因此筆者特別利用本節再次說明如下：

一、在上升趨勢中出現跳空上漲的缺口時，當天不必馬上加畫精緻畫法的45度線。必須等第二天或第三天……。待指數或股價突破站穩缺口的「最上限（沿）」再加畫上去。如此才不至於誤判轉折點。

二、不過對於操作期貨指數的朋友就可在當天加畫45度線。很多投資朋友閱讀到此，一定很納悶，為何大盤指數或個股要等指數或股價突破缺口最上限時再加畫45度線。而操作期貨指是就可當天加畫呢？

三、因為操作期貨的朋友大都是當沖或極短線操作。而45度線有一個特性，當指數跌破45度線的當天可能就會下跌30～50點，或50～80點，甚至100點以上。如此對於操作當沖的朋友就有不錯的利潤。因此操作期貨指數的朋友可在跳空上漲出現缺口的當日收盤後，加畫上升45度線的精緻畫法等明天指數若跌破上升45度線時短空，就有利潤。

現在列舉大盤指數跳空上漲時誤判轉折點的實例

如圖（3-3）是大盤指數日線圖

在101年2月4日出現跳空上漲缺口。若當日加畫45度線，如圖中①所示。隔天（2月6日）跌破45度線完成下跌一寶。此時若判定大盤指數由「漲勢」進入「盤整」。經過第三個交易日後，在101年2月8日指數突破缺口最上限（如圖箭頭所指位置）。此時大盤趨勢又恢復漲勢。

試想，在2月6日判定指數進入「盤整」此時若將手中持股減碼，或做空選擇權。則在2月8日僅三個交易日指數馬上又續漲恢復「漲勢」。顯然會誤判產生虧損。

正確的精緻畫法應該是如圖中②所示加畫的45度線。此加畫的45度線是以小波段的底部（低點）所加畫的45度線。這一點讀者必須注意以免畫錯產生誤判。

但是期貨指數可參閱圖（3-4）在2月6日當天跌破45度線時，當日K線就收黑。因此操作期貨指數的投資朋友，在出現跳空缺口時，於當天收盤後，就可以加畫45度線，且記錄45度線的位置，準備明日操作。

圖（3-3）

如上圖所示是大盤指數圖。

一、圖中①是在缺口上限位置加畫的45度線。它是錯誤
　　的畫法。因為指數尚未突破缺口最上限。

二、在101年2月6日跌破45度線，僅經三個交易日馬上
　　突破缺口的最上限恢復漲勢。顯然圖中①所加畫的
　　45度線是錯誤的畫法。

三、圖中②是正確的精緻畫法。它是以小波段的底部
　　（低點）所加畫的上升45度線。

圖（3-4）

上圖是期貨指數日線圖。

一、圖中①所示是在缺口上限位置所加畫的45度線。

二、箭頭所指的位置是下一個交易日2月6日跌破45度線
　　的位置，當指數跌破此45度線時做空皆有30～50點
　　的利潤。

三、圖中②或③所示都是跳空上漲缺口的位置當天所加
　　畫的上升45度線。

四、您會發現當指數跌破45度線（圖中②或圖中③）的
　　當天或往後數天指數皆是下跌。若操作期貨空單皆
　　有利潤。

　　從前兩頁的圖（3-3）與圖（3-4）中，我們可以清楚的看出幾個重點：

一、當跳空上漲缺口出現時，要加畫45度線的精緻畫法，必須等未來1～3天或數天指數不但沒有跌破缺口上限。且須突破缺口（最上限）才可加畫45度線，以免誤判轉折點。這是對於判定漲、跌、盤的朋友必須注意的地方。

二、操作期貨指數的朋友就可在當日跳空上漲缺口的上限位置加畫45度線。等明天跌破45度線時短空。當日有賺就可回補。若沒賺則停損點可設在缺口的最上限。

三、如果想做個股檔沖的朋友也可複製期貨指數的操作方法，操作波段的朋友則必需等股價突破缺口最上限再加畫45度線才不致於誤判。

四、致於下跌跳空向下的缺口，其45度線的精緻畫法與上漲跳空向上的缺口畫法剛好相反。下一頁筆者再作說明。

◉缺口的上限、下限、最上限、最下限如何看？如何畫？如何操作？也可參閱筆者所著《K線實戰秘笈》或《期權賺很大》。

3-4 避免跳空下跌缺口的錯誤畫法

　　我們所列出45度精緻畫法的三個條件中，以缺口的精緻畫法投資人較容易畫錯。因此筆者特別利用本節再次說明如下：

一、在下降趨勢中出現跳空下跌的缺口時，當天不必馬上加畫精緻畫法的45度線。必須等第二天或第三天……。待指數或股價跌破缺口的「最下限（沿）」再加畫上去。如此才不致於誤判轉折點。

二、不過對於操作期貨指數的朋友就可在當天加畫45度線。很多投資朋友閱讀到此，一定很納悶，為何大盤指數或個股要等指數或股價跌破缺口最下限時再加畫45度線，而操作期指的朋友就可當天加畫呢？

三、因為操作期指的朋友大都是當沖或極短線操作，而45度線有一個特性。當指數突破45度線的當天可能就會上漲30～50點，或50～80點，甚至100點以上。如此對於操作當沖的朋友就有不錯的利潤。因此操作期貨指數的朋友可在跳空下跌出現缺口的當日收盤後，加畫下降45度線的精緻畫法。等明天指數若突破45度線時短多，就有利潤。

現在列舉大盤指數跳空下跌時誤判轉折點的實例

如圖（3-5）是大盤指數日線圖

在96年11月12日出現跳空下跌缺口。若當日加畫45度線，如圖中①所示。二天後（11月14日）突破45度線完成上漲一寶，此時若判定大盤指數由「跌勢」進入「盤整」。經過五個交易日後，在96年11月21日指數跌破缺口最下限（如圖箭頭所指位置）。此時大盤趨勢又恢復跌勢。

試想在11月14日判定指數進入「盤整」，此時將手中空單減碼或做多選擇權。則在11月21日僅五個交易日指數又馬上又續跌恢復「跌勢」。顯然會誤判產生虧損。

正確的精緻畫法應該是如圖②所示加畫的45度線。此加畫的45度線是以小波段的頭部（高點）所加畫的45度線，這一點讀者必須注意以免畫錯產生誤判。

但是期貨指數可參閱圖（3-6）在11月13日當天突破45度線，當日K線就收紅。隔日11月14日又跳空大漲。因此操作期貨指數的朋友在出現跳空缺口時於當天收盤後就可以加畫45度線，且記錄45度線的位置，準備明日操作。

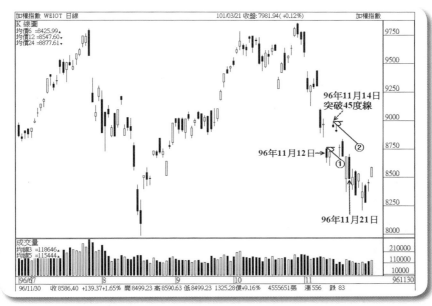

圖（3-5）

上圖（3-5）是大盤指數圖。

一、圖中①是在缺口下限位置加畫的45度線。它是一種錯誤的畫法，因為指數尚未跌破缺口最下限。（除非當沖則圖中①才是正確的畫法）。

二、在96年11月14日突破45度線，經過5個交易日馬上跌破缺口最下限恢復跌勢。顯然圖中①所加畫的45度線是錯誤的畫法。

三、圖中②是正確的精緻畫法。它是以小波段的頭部（高點）所加畫的下降45度線。

圖（3-6）

上圖是期貨指數的日線圖。

一、圖中①所示是在缺口下限位置所加畫的45度線

二、箭頭所指的位置是隔天11月13日突破45度線的位
　　置。當指數突破此45度線時做多皆有30～50點的利
　　潤。隔天11月14日開盤就跳空大漲233點。

三、圖中②或③所示都是跳空下跌缺口的位置當天所加
　　畫的下降45度線。

四、您會發現當指數突破45度線的當天或往後的數個交
　　易日指數皆會上漲。若操作多單皆有利潤。

　　從前兩頁的圖（3-5）與圖（3-6）我們可以清楚得看出幾個重點：

一、當跳空下跌缺口出現時，要加畫45度線的精緻畫法，必須等未來1～3天或數天指數不但沒有突破缺口下限。且須跌破缺口最下限才可加畫45度線，以免誤判轉折點。這是對於判定漲、跌、盤的朋友必須注意的地方。

二、操作期貨指數的朋友就可在當日跳空下跌缺口的下限位置加畫45度線。等明天突破45度線時短多。當日有賺就跑。若沒賺則停損點可設在缺口的最下限。

三、如果想做個股當沖的朋友也可複製期貨指數的操作方法。操作波段的朋友則必須等股價跌破缺口最下限再加畫45度線才不致於誤判。

◉缺口的上限（沿），下限（沿），最上限（沿），最下限（沿）如何看？如何畫？如何操作？也可參閱筆者所著《K線實戰秘笈》或《期權賺很大》。

筆者再舉兩檔個股的上升與下降45度線精緻畫法的實例給讀者參考

上升45度線精緻畫法實例：如圖（3-7）是全新（2455）

一、圖中①在缺口上限畫出的45度線是錯誤的畫法。因為隔天或1～3天股價不但未突破缺口最上限，且跌破缺口上限，因此不宜在缺口當日畫上升45度線。

二、圖中②在缺口上限所畫出的45度線是正確的畫法，因為隔天或1～3天股價不但未跌破缺口上限，且突破缺口最上限，因此可在缺口位置加畫45度線。

三、圖中①錯誤的畫法應改在圖中③所示小波段的底部（低點）所加畫的45度線，才是正確的畫法。

下降45度線精緻畫法實例：如圖（3-8）是志聖（2467）

一、圖中①在缺口下限所畫出的45度線是錯誤的畫法。因為隔天或1～3天股價不但未跌破缺口最下限（以收盤價為準）且在第三天盤中突破缺口下限，形成小波段的頭部（高點）。因此不宜缺口當天畫下降45度線。

二、圖中①錯誤的畫法應改在圖中②所示小波段頭部（高點）所畫出下降45度線，才是正確的畫法。

三、圖中③所示也是小波段頭部（高點）所加畫的下降45度線精緻畫法。

圖（3-7）

上圖（3-7）所示是全新個股的日線圖。

一、圖中①缺口所畫出的上升45度線是錯誤的畫法，因
　　為往後幾天，股價不但未突破缺口最上限，反而跌
　　破缺口上限。（除非當沖則圖中①才是正確的畫
　　法）。

二、圖中②缺口所畫出的45度線是正確的畫法，因往後
　　幾天股價不但未跌破缺口上限，且突破缺口最上
　　限。

三、圖中①錯誤的畫法應改成圖中③所示由小波段底部
　　（低點）所畫出的45度線，才是正確的畫法。

②小波段高點的正確畫法
①下跌缺口的錯誤畫法
③

圖（3-8）

如上圖（3-8）是志聖個股的日線圖。

一、圖中①缺口所畫出的下降45度線是錯誤的畫法。因
　　往後幾天股價不但未跌破缺口最下限，反而盤中突
　　破缺口下限形成小波段的頭部（高點）。

二、圖中①錯誤的畫法應改成圖中②所示由小波段的頭
　　部（高點）所畫出的下降45度線。

三、圖中③也是由小波段的頭部（高點）所畫出的下降
　　45度線。

　　在三個精緻畫法的條件中，以缺口的畫法難度最高。因為它可能會形成小波段的底部或頭部，也有可能形成橫盤。因此筆者建議無論是上漲趨勢或下跌趨勢。當缺口出現時必須等幾天確認後再加畫45度線，才不至於畫錯，產生誤判。「除非是操作期貨指數或想當沖個股的朋友」，才可在當天出現缺口時，加畫45度線。這一點在前幾頁筆者已作說明。

　　45度線的精緻畫法對初學者確實有困難，尤其是在缺口的位置要加畫45度線時，不知如何下手？俗云：「一次難，二次易，三次不考慮。」熟能生巧，多看多練習自然會畫的很精準。畫得越精準，操作的成功率就愈高。

　　由於筆述無法像口述表達得那麼清楚，若對於45度的畫法仍無法勝任的朋友。建議參加我們的訓練課程實際體驗畫線的技巧，就可很快學會畫45度線訣竅。

　　基隆有位投資人寫信給筆者如是說：「現在的我只要一支三角板，就可以悠游股海，不勝美好」。顯然他已體會畫45度線的箇中三昧。且幫助其在股市中獲利。筆者與有榮焉。當然在畫線技巧中還有趨勢線，扇形線，頸線，軌道線等皆可幫助我們在操作上找到好的買點或賣點，讀者可參閱我們著作的《10倍數操盤法》、《股市三寶》、《期權賺很大》、《K線實戰秘笈》就可得到答案。

第 四 章
上升與下降45度線的操作要領

重 點 提 示

◎上升與下降45度線交叉操作技巧

◎寶王45度線判定漲、跌、盤

◎45度線VS趨勢線

上升與下降45度線交叉操作技巧

前面三章我們僅對上升45度線與下降45度線的單向操作方法作說明。而本章節則介紹上升與下降45度線如何交叉操作。其重點如下：

做多操作的畫法

一、當您畫出上升45度線時。只要指數或股價尚未跌破上升45度線，就可持續做多。直到指數或股價跌破上升45度線時再賣出翻空。

二、當指數或股價跌破上升45度線時，除了做賣出動作之外。也可反手做空。且必須即時畫出下降45度線，追蹤何時指數再突破下降45度線。

做空操作的畫法

一、當您畫出下降45度線時。只要指數或股價尚未突破下降45度線，皆可持續做空。直到指數或股價突破下降45度線時再補空翻多。

二、當指數或股價突破下降45度線時，除了做出補空動作之外，也可反手做多。且必須即時畫出上升45度線。追蹤何時指數再跌破上升45度線。

現在列舉台指期貨指數的範例畫給讀者參考

圖（4-1）範例是以45度線的標準畫法，而圖（4-2）則是45度線的「標準畫法」與「精緻畫法」。

圖（4-1）是台指期貨指數日線圖

一、如圖中①所示是上升45度線的標準畫法。在100年12月9日跌破上升45度線。操作多單期貨指數的朋友除了賣出多單之外也可反手做空。且即時畫出如圖中②所示的下降45度線的標準畫法。

二、如圖中②所示是下降45度線的標準畫法。在100年12月22日突破下降45度線。操作空單期貨指數的朋友除了回補空單之外也可反手做多。且即時畫出如圖中③所示的上升45度線的標準畫法。

重點提示

1.圖中①上升45度線上所標示的「●」記號是跌破45度線的位置。其點數是6952點。後來指數跌到6613點。

2.圖中②下降45度線上所標示的「●」記號是突破45度線的位置，其點數是6932點。後來指數產生波段大漲1000多點。

3.在往後的章節中會談到如何利用45度線操作股票、期貨、選擇權。讀者可耐心閱讀，必有所獲。

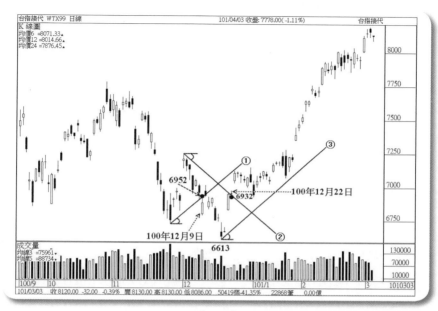

圖（4-1）

上圖所示是期貨指數的日線圖。

一、如圖中①所示是上升45度線的標準畫法。100年12
　　月9日跌破上升45度線，隨即畫出如圖中②所示下
　　降45度線。

二、如圖中②所示是下降45度線的標準畫法。100年12
　　月22日突破下降45度線，隨即畫出如圖中③所示上
　　升45度線。

　　先前提到45度線的標準畫法適合波段操作。精緻畫法適合短線操作。讀者可以衡量自己的操作習慣採取標準畫法或精緻畫法。

現在筆者同樣以期貨指數日線圖（4-2）畫出精緻畫法給讀者參考

一、如圖（4-2）圖中①所示的是上升45度線的標準畫法。圖中1-1所示是跳空上漲缺口的精緻畫法。您會發現當指數跌破1-1的精緻畫法所賣出的點數，如圖中1-1所標示的「●」記號（7182點）比跌破圖中①標準畫法所標示的「●」記號（6952）高出230點。

二、如圖（4-2）圖中②所示的是下降45度線的標準畫法。圖中2-1所示是小波段的頭部（高點）所畫出的精緻畫法。您會發現當指數突破2-1的精緻畫法所買進的點數，如圖中2-1所標示「●」記號（6857）比突破圖中②標準畫法所標示的「●」（6932）低了75點。

三、由上述結論可得知當指數跌破精緻畫法時，所賣出的價位都會比跌破標準畫法所賣出價位高。相反的當指數突破精緻畫法時，所買進的價位會比突破標準畫法所買進的價位低。

圖（4-2）

上圖是期貨指數的日線圖。

一、如圖中①所示是上升45度線的標準畫法。圖中1-1所示是跳空上漲缺口的精緻畫法。

二、如圖中②所示是下降45度線的標準畫法。圖中2-1所示是小波段頭部（高點）的精緻畫法。

三、跌破精緻畫法所賣出的點數（7182）高於跌破標準畫法的點數（6952）。

四、突破精緻畫法所買進的點數（6857）低於突破標準畫法的點數（6932）。

現在筆者利用45度的（標準畫法與精緻畫法）畫給讀者參考

　　圖（4-3）是上升45度線與下降45度線的標準畫法與精緻畫法，兩者交叉合併所畫出的45度線圖。初學者一定會看的眼花撩亂，確實有些複雜。不過只要多練習畫熟練後就會畫的精準。

圖（4-3）與圖（4-1）與圖（4-2）同樣是期指日線圖

一、圖中①所示的是上升45度線的標準畫法，1-1則是精緻畫法。

二、圖中②所示的是下降45度線的標準畫法。2-1則是精緻畫法。

三、圖中③所示的是上升45度線的標準畫法。3-1、3-2則是精緻畫法。

四、圖中④所示的是下降45度線的標準畫法。

五、圖中⑤所示的是上升45度線的標準畫法。5-1則是精緻畫法。

六、圖中⑥所示的是下降45度線的標準畫法。

七、圖中⑦所示的是上升45度線的標準畫法。7-1、7-2、7-3皆是精緻畫法。

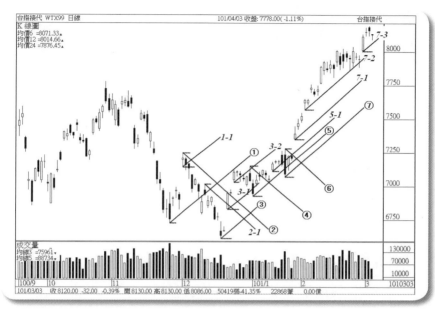

圖（4-3）

上圖是期貨指數日線圖。

一、圖中①所示的是上升45度線的標準畫法，1-1則是精
　　緻畫法。

二、圖中②所示的是下降45度線的標準畫法。2-1則是精
　　緻畫法。

三、圖中③是上升45度線的標準畫法。3-1、3-2則是精
　　緻畫法。

四、圖中④所示的是下降45度線的標準畫法。

五、圖中⑤所示的是上升45度線的標準畫法。5-1則是精
　　緻畫法。

六、圖中⑥所示的是下降45度線的標準畫法。

七、圖中⑦是上升45度線的標準畫法。7-1、7-2、7-3皆
　　是精緻畫法。

4-2 寶王45度線判定漲、跌、盤

　　45度線是股市三寶的寶王。單用45度線這一寶就可判定漲、跌、盤。此三種趨勢變化如何判定呢？

如何判定「漲」？

一、當指數或股價突破45度線且續漲並突破前一波的高點。則可判定是「漲」。

如何判定「跌」？

二、當指數或股價跌破45度線且續跌並跌破前一波的低點，則可判定是「跌」。

如何判定「盤」？

三、當指數或股價突破45度線但未突破前一波的高點就壓回，此時趨勢仍屬「盤」。

四、當指數或股價跌破45度線但未跌破前一波的低點就反彈，此時趨勢仍屬「盤」。

　　以上是文字說明，也許讀者還不是很清楚。下一頁我們列舉一檔個股瑞昱（2379）畫45度線給讀者參考，您就會瞭解如何利用45度線判定漲、跌、盤的三種趨勢變化。

寶王45度線判定漲、跌、盤

　　現在列舉瑞昱這檔個股做範例來說明如何利用寶王45度線判定漲、跌、盤的轉折點。。

如圖（4-4）是瑞昱的45度線圖

一、圖中H是高點53.8元。圖中L是低點48.2元。圖中①所示是上升45度線。當股價跌破①時，並未跌破前一波低點48.2元，就突破圖中②所示下降的45度線。

二、當股價突破圖中②所示下降45度線，也並未突破前一波高點53.8元，就再跌破圖中③所示上升45度線。因此虛線區間可判定是「盤」。

三、後來如圖中箭頭方向所指股價跌破48.2元的低點就可判定是「跌」勢。

另一個盤整的區間40元～46.85元

一、圖中H是高點46.85元，圖中L是低點40元。圖中④所示是上升45度線。當股價跌破④時，並未跌破前一波低點40元，就突破圖中⑤所示下降45度線。

二、當股價突破圖中⑤所示下降45度線，在未突破前波高點46.85元皆可視為「盤」。如虛線區間所示40～46.85元皆可視為「盤」。

三、後來如圖中箭頭方向所指股價突破前一波高點46.85元，就可判定是「漲」勢。

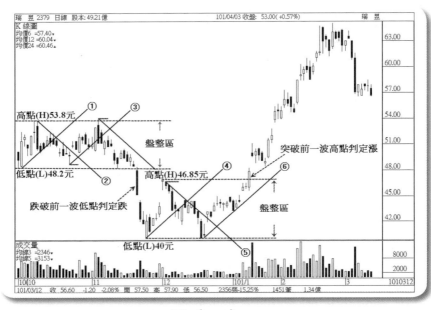

圖（4-4）

上圖是瑞昱的45度線日線圖。

一、圖中①③④⑥皆是上升45度線，圖中②⑤是下降45度線。

二、當股價未突破前波高點53.8元或未跌破48.2元之前，皆屬「盤整」趨勢。如圖中虛線區間部份。

三、後來股價跌破前波低點48.2元，可判定是「跌」。

四、當股價未突破46.85元或未跌破40元之前，皆屬「盤整」趨勢。如圖中虛線區間部份。

五、後來股價突破前波高點46.85元，可判定是「漲」。

4 - 3　45度線VS趨勢線

　　筆者在全省巡迴上課中不少投資人提出質疑，認為45度線是一種噱頭，其實與趨勢線是一樣的。筆者不否認趨勢線的功能。自己也時常畫趨勢線。但是45度線是一種比較細膩的畫線技巧。因為它的角度限定在45度。而趨勢線沒有角度的限制。

　　45度線除了有角度的限制，而且K線圖表的長寬比也必須限制在1.618：1的黃金比率。在圖表內的K棒數量也必須限制在110根或111根。如此畫出來的45度線，其精準度較高。這在本書的第一章已談過。

　　到底是45度線的準確度較高？還是趨勢線的準確度較高？答案是各有千秋。但依筆者畫線的經驗直覺上45度線具有領先趨勢線的味道。尤其將45度線應用在期貨或選擇權的操作方面其精準度較趨勢線略勝一籌。

　　在技術分析的課程中，我們特別安排了一堂課「畫線技巧」並指出在畫線當中，若線與線越多條重疊其精準度最高。換言之，當您所畫出的45度線又與趨勢線重疊則精準度最高。

45度線與趨勢線兩相比較
筆者以期貨指數做範例畫45度線與趨勢線兩相比較

圖（4-5）是期貨指數日線圖
先看下降45度線精緻畫法VS 下降趨勢線

一、圖中①所示較粗的線是下降趨勢線。

二、圖中②所示是下降45度線的標準畫法。而圖中2-1是小波段頭部（高點）的精緻畫法。

三、您會發現指數先突破圖中2-1的45度線精緻畫法。再突破圖中①的下降趨勢線。最後再突破圖中②45度線的標準畫法。可見45度線的精緻畫法具有領先趨勢線的作用。

再看上升45度線精緻畫法VS 上升趨勢線

一、圖中③所示較粗的線是上升趨勢線。

二、圖中④所示是上升45度線的標準畫法。而圖中4-1是跳空上漲缺口的精緻畫法。

三、您會發現指數先跌破圖中4-1的45度線精緻畫法。再跌破圖中③的上升趨勢線。可見45度線的精緻畫法具有領先趨勢線的作用。

嚴格講起來45線與趨勢線各有千秋。應用之妙存乎於心。讀者用心體會必可了然於胸。

圖（4-5）

上圖是期指日線圖。

一、圖中①所示是下降趨勢線。

二、圖中②與2-1分別是下降45度線的標準畫法與精緻畫
　　法。

三、指數先突破圖中2-1的45度線精緻畫法，再突破圖中
　　①的下降趨勢線。可見45度線精緻畫法具有領先作
　　用。

四、圖中③是上升趨勢線。

五、圖中④與4-1分別是上升45度線的標準畫法與精緻畫
　　法。

六、指數先跌破圖中4-1的45度線精緻畫法，再跌破圖中
　　③的上升趨勢線。可見45度線精緻畫法具有領先作
　　用。

　　45度線除了用於日線之外。也可用於周線與月線。越長天期所畫出的45度線成功率越高。至於用於期貨的分線則成功率較低。根據筆者實驗的結果。45度線最短天期僅可用小時線或30分鐘線。若低於30分鐘線其成功率較低，且容易誤判。尤其是進入「整理盤」的階段忽多忽空不易掌控。

　　45度線用在日線可視為短線操作。用在周線則是波段操作。用在月線則是長線操作。

現在筆者就列舉月線、周線，分線的實例畫給讀者參考

如圖（4-6）是大盤指數月線圖

一、圖中①所示是上升45度線的標準畫法。

二、圖中②所示是上升45度線缺口的精緻畫法。

三、圖中③所示是上升45度線小波段底部（低點）的精緻畫法。

四、圖中④所示是因為K線跌破圖中③之後，反向畫出下降45度線的標準畫法。

●畫線的技巧以不要切到K線（棒）為原則

一、若上升45度線會切到K線（棒）則必須向右尋找另一個低點起畫。

二、若下降45度線會切到K線（棒）則必須向右尋找另一個高點起畫。

圖（4-6）

上圖是大盤指數月線圖。

一、圖中①所示是上升45度線的標準畫法。

二、圖中②所示是上升45度線缺口的精緻畫法。

三、圖中③所示是上升45度線小波段底部（低點）的精
　　緻畫法。

四、圖中④是因為K線跌破圖中③之後反向畫出下降45
　　度線的標準畫法。

大盤周線圖的45度線圖

如圖（4-7）是大盤周線圖的45度線圖

一、圖中①所示是下降45度線的標準畫法。

二、圖中1-1所示是下降45度線小波段頭部（高點）的精緻畫法。

三、圖中1-2所示是下降45度線缺口的精緻畫法。

四、圖中②所示是因為K線突破圖中1-2之後，反向畫出上升45度線的標準畫法。

五、圖中2-1所示是上升45度線缺口的精緻畫法。

畫線的技巧以不要切到K線（棒）為原則

或許讀者會問在圖中1-1的下降45度線為何不要從A點起畫，而改由B點起畫？

一、因為從A點起畫會切到B點的K線（棒）。基於畫線的技巧以不要切到K線為原則，才會從B點起畫。

二、若B點尚未出現時，當然要從A點起畫。當B點出現時再做修改。除非B點已有效突破A點所起畫的下降45度線，此時就要從C點反向畫上升45度線。

圖（4-7）

上圖是大盤指數的周線圖。

一、圖中①所示是下降45度線的標準畫法。

二、圖中1-1所示是下降45度線小波段頭部（高點）的精
　　緻畫法。

三、圖中1-2所示是下降45度線缺口的精緻畫法。

四、圖中②所示是因為K線突破圖中1-2之後，反向畫出
　　上升45度線的標準畫法。

五、圖中2-1所示是上升45度線缺口的精緻畫法。

期貨指數（60分鐘線）小時線的45度線圖

如圖（4-8）是台指期貨指數60分鐘線的45度線圖

上升45度線的標準畫法與精緻畫法

一、圖（4-8）虛線的區間部份是屬於整理盤。整理盤45度線的畫法可參閱第四章第2節的說明。

二、圖中①所示是上升45度線的標準畫法。

三、圖中1-1所示是上升45度線缺口的精緻畫法。

四、圖中1-2所示是上升45度線橫盤突破後的精緻畫法。

下降45度線的標準畫法與精緻畫法

一、當指數跌破圖中1-2的上升45度線時，就可反向畫下降45度線。

二、圖中②所示是下降45度線的標準畫法。

三、圖中2-1所示是下降45度線橫盤跌破後的精緻畫法。

四、圖中2-2所示是下降45度線小波段頭部（高點）的精緻畫法。

◉以60分鐘線操作45度線的期指是屬於極短線的操作法。無論做多或做空，有賺就跑不貪多。且宜設停損避免誤判產生虧損。

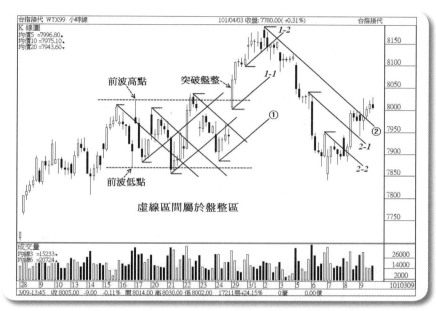

圖（4-8）

上圖是期貨指數（60分線）小時線圖。

一、圖中虛線部份是整理盤，突破整理盤所畫出的如圖中①所示是上升45度線的標準畫法。

二、圖中1-1所示是缺口的精緻畫法，圖中1-2是橫盤突破的精緻畫法。

三、圖中②下降45度線的標準畫法。

四、圖中2-1是橫盤跌破後的精緻畫法，圖中2-2是小波段頭部（高點）的精緻畫法。

期貨指數（30分鐘線）半小時線的45度線圖

如圖（4-9）是台指期貨30分鐘線的45度線圖

上升45度線的標準與精緻畫法

一、圖中①所示是上升45度線的標準畫法。

二、圖中1-1所示是上升45度線上漲缺口的精緻畫法。

三、圖中1-2所示是上升45度線橫盤突破後的精緻畫法。

四、圖中虛線區間屬於盤整區。

下降45度線的標準與精緻畫法

一、圖中②所示是標準畫法。因為圖中②被突破兩次。
    因此2-1應視為下跌45度線的標準畫法。

二、圖中2-2所示是橫盤跌破後的精緻畫法。

三、圖中2-3所示是小波段頭部（高點）的精緻畫法。

四、圖中2-4所示是跳空下跌缺口的精緻畫法。

◉空點是跌破如圖中所示1-2。買點是突破如圖中所示
  2-4。

◉以30分鐘線操作45度線的期指，是屬於極短線的操作
  法。無論做多或做空，有賺就跑不貪多。且宜設停
  損，以避免誤判產生虧損。

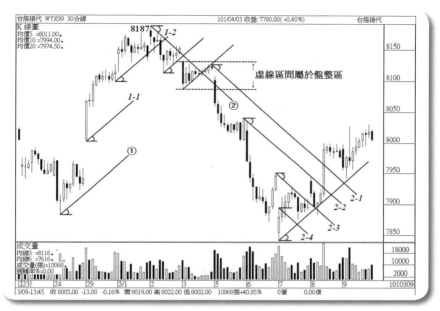

圖（4-9）

上圖是期貨指數30分鐘線圖。

一、圖中①是上升45度線的標準畫法。圖中1-1是跳空上
　　漲缺口的精緻畫法，圖中1-2是橫盤突破後的精緻畫
　　法，跌破圖中1-2是空點。虛線區間是整理盤。

二、圖中②與2-1皆可視為下跌45度線標準畫法，因為圖
　　中②被突破二次。

三、圖中2-2是橫盤跌破的精緻畫法。圖中2-3是小波段
　　頭部（高點）的精緻畫法。圖中2-4是跳空下跌缺口
　　的精緻畫法，突破圖中2-4是買點。

4-4 45度線適用於國際盤

　　45度線除了適用國內盤之外也適用於國際盤。我們很多學員正開始利用45度線操作國際金融商品且勝率非常高,更讚嘆45度線的妙用。

　　筆者列舉美國道瓊工業指數、中國上海綜合指數、英國倫敦黃金現貨的線圖,畫45度線給讀者參考。

如圖(4-10)是美國道瓊工業指數日線圖

一、 圖中①④⑥⑧是下降45度線的標準畫法。圖中②⑤⑦是上升45度線的標準畫法。

二、圖中③是上升45度線小波段低點的精緻畫法。

如圖(4-11)是上海綜合指數日線圖

一、圖中①是下降45度線的標準畫法。

二、圖中②是下降45度線缺口的精緻畫法。圖中③所示是下降45度線小波段高點的精緻畫法。

三、圖中④所示是上升45度線的標準畫法。

四、圖中⑤所示是上升45度線小波段低點的精緻畫法。圖中⑥所示是上升45度線橫盤突破的精緻畫法。圖中⑦所示是上升45度線小波段低點的精緻畫法。

五、其他如圖中所示⑧⑨⑩⑪⑫⑬讀者可自行判斷其標準畫法與精緻畫法。

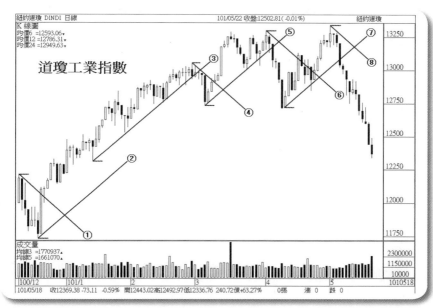

圖（4-10）

上圖是美股道瓊日線圖。

一、圖中①④⑥⑧是下降45度線的標準畫法。

二、圖中②⑤⑦是上升45度線的標準畫法。

三、圖中③是上升45度線小波段低點的精緻畫法。

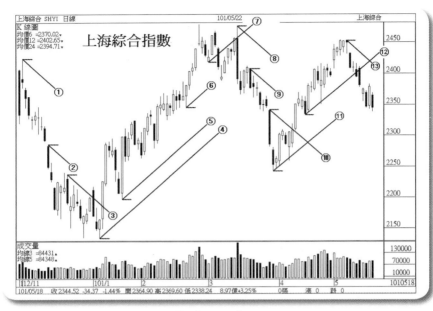

圖（4-11）

上圖是中國上海綜合指數。

一、圖中①是下降45度線的標準畫法。圖中②是下降45
　　度線缺口的精緻畫法。圖中③是下降45度線小波段
　　高點的精緻畫法。

二、圖中④是上升45度線的標準畫法。圖中⑤與⑦是上
　　升45度線小波段低點的精緻畫法。圖中⑥是上升45
　　度線橫盤突破的精緻畫法。

三、圖中⑧⑨⑩⑪⑫⑬讀者可自行判斷其標準畫法與精
　　緻畫法。

黃金商品亦可畫45度線

筆者再以英國倫敦黃金現貨畫45度線給讀者參考。

如圖（4-12）是英國倫敦黃金現貨的周線圖

在K線圖中可發現黃金這項商品跳空的缺口蠻多的。若出現大缺口皆可畫45度線追蹤其未來的走勢。

一、圖中①是下降45度線的標準畫法。

二、圖中②是上升45度線的標準畫法。

三、圖中③是下降45度線的標準畫法。

四、圖中④是上升45度線的標準畫法。

五、圖中⑤是下降45度線的標準畫法。

六、圖中⑥是上升45度線的標準畫法。

七、圖中⑦是上升45度線缺口的精緻畫法。

八、圖中⑧是下降45度線的標準畫法與⑪小波段高點的
　　精緻畫法重疊。

九、圖中⑨⑫⑬重疊是下降45度線缺口的精緻畫法。

十、圖中⑩⑭是上升45度線標準畫法。

十一、圖中⑮是上升45度線缺口的精緻畫法。

十二、圖中⑯是下降45度線的標準畫法。

●虛線框起來的部分是橫盤後突破。

●當股價突破下降45度線時，就有一小波段漲幅。反之
　跌破上升45度線時，就有小段跌幅，可設價多空操
　作。

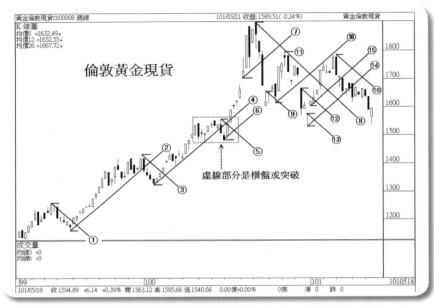

圖（4-12）

上圖是英國倫敦黃金現貨的週線圖。

一、圖中所示①③⑤⑧⑯⑪皆是下降45度線的標準畫法。

二、圖中所示②④⑥⑩⑭皆是上升45度線的標準畫法。

三、圖中所示⑨⑫⑬⑰皆是下降45度線跳空下跌缺口的精緻畫法。

四、圖中所示⑦⑮皆是上升45度線跳空上漲缺口的精緻畫法。

第五章
45度線操作股票的獲利秘訣

重點提示

◎股價下跌趨勢的操作要領與績效
◎股價上漲趨勢的操作要領與績效
◎股價上升與下降45度線的畫法

5 - 1 股價下跌趨勢的操作要領與績效

我們有些學員學了45度線之後，認為還是很難畫。不知如何畫才會畫得精準，因而知難而退放棄了畫45度線這門學分實在可惜。

筆者認為看似複雜的東西，我也可以把它簡單化。本章節開始我們將45度線應用在股票、期貨、選擇權。讀者可用心體會45度線的妙用。我也盡量用最簡單的45度線畫法讓讀者能快速的學會畫45度線並體會出如何在45度線的轉折點出手操作。

我以聯發科這檔個股用分解動作一張一張的畫出45度線，並計算其獲利的績效。換言之從第一次出手到第二次、第三次……出手等。讀者皆可注意畫線的位置。與為何要做多（買進與賣出）？或為何要做空（放空與補空）？

目前很多學員已學會畫45度線利用45度線操作當沖或隔日沖。甚至二日、三日……沖一次不亦樂乎。當然技術分析不是百分百偶爾也會馬失前蹄，萬一做錯記得停損就好。我們常講：不怕錯、只怕拖。切記！！

現在列舉聯發科（2454）當範例

下跌趨勢的45度線畫法（第一次出手操作）

一、在下跌趨勢中先找一個底部（連續三天以上未創新低價）畫一條上升的45度線。如圖（5-1）的圖中①所示100年10月7日低點310.5元所畫出的上升45度線。

二、當股價在100年10月28日跌破圖中①所示的上升45度線時可短空。其價位是330元如圖中標記的「•」符號。虛線箭頭所指的方向是第一次出手做空。

三、當股價跌破330元之後除了賣出（短空）之外，記得畫下降的45度線如圖中②所示。

四、當股價未突破圖中②的下降45度線之前表示做空的方向正確。此時股價開始下跌，可找低點補空獲利了結。這是短線的操作手法。如圖中所示在11月3日311元補空則獲利（330元 – 311元）= 19元。

五、讀者是否發現10月28日股價跌破45度線330元的當天最低價來到322元。收盤價324元。若當日沖則有（330元 – 324元）= 6元的利潤。若隔日沖股價下跌到318元（收盤價），則有（330元 – 318元）= 12元的利潤。再以波段操作的角度來看當股價未突破圖中②所示下降45度線時，可不必補空。其突破點如圖中③所示在100年12月30日當時股價是275元。屆時可補空。波段獲利330元 – 275元 = 55元。

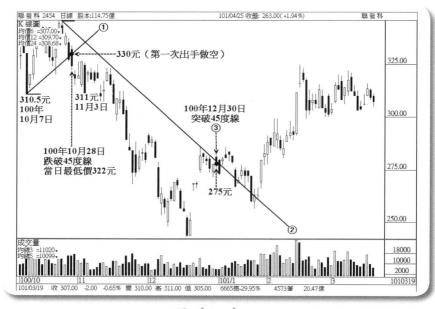

圖（5-1）

上圖是聯發科日線圖。

一、圖中①所示是在下跌趨勢中找低點310.5元畫上升45
　　度線，當股價跌破上升45度線時可短空。伺機獲利
　　出場。

二、圖中②所示是當股價跌破上升45度線圖中①時，反
　　向所畫出的下降45度線。

三、當股價跌破圖中①上升45度線時，當日股價自330
　　元下跌到322元，隔日再下跌到315元（最低價）。

聯發科在下跌趨勢中的操作範例

下跌趨勢中的45度線畫法（第二次出手操作）

一、在下跌趨勢中先找一個底部（連三天以上未創新低
　　價）畫一條上升45度線。如圖（5-2）的圖中①所示
　　100年11月3日低點311元所畫出的上升45度線。

二、當股價在100年11月10日跌破圖中①所示的上升45
　　度線時可短空。其價位是318元如圖中標記的「●」
　　符號。虛線箭頭所指方向是第二次出手做空。

三、當股價跌破318元之後除了賣出（短空）之外，記
　　得畫下降45度線如圖中②所示。

四、當股價未突破圖中②下降45線之前，表示做空方向
　　正確。此時股價雖有反彈，但觸及圖中②的下降45
　　度線還是下跌。可找低點補空獲利了結。

五、讀者是否發現11月10日股價跌破45度線318元的當
　　日最低價307元。收盤309元。雖然當日跳空跌破45
　　度線但最高價來到315元。若當日沖則有315元 –
　　309元 ＝ 6元的利潤。後來股價一跌到100年11月24
　　日268元才止跌反彈後再續跌到100年12月9日248
　　元，最後跌到243元在反彈上漲。

圖（5-2）

上圖是聯發科日線圖。

一、圖中①所示是在下跌趨勢中找低點311元畫上升45
　　度線，當股價跌破上升45度線時可短空。伺機獲利
　　出場。

二、圖中②所示是當股價跌破上升45度線圖中①，反向
　　所畫出的下降45度線。

三、當股價跌破圖中①上升45度線時當日股價自315元
　　下跌到307元後來持續下跌到243元才止跌反彈。

聯發科在下跌趨勢中的操作範例

下跌趨勢中的45度線畫法（第三次出手操作）

一、在下跌趨勢中先找一個底部（連續三天以上未創新
　　低價）畫一條上升45度線。如圖（5-3）的圖中①所
　　示100年11月24日低點268元所畫出的上升45度線。

二、當股價在100年12月6日跌破圖中①所示的上升45度
　　線時可短空。其價位是279元。如圖中標記「●」
　　符號，虛線箭頭所指的方向是第三次出手做空。

三、當股價跌破279元之後除了短空之外，記得畫下降
　　45度線如圖中②所示。

四、當股價未突破圖中②下降45度線之前表示做空方向
　　正確。可伺機找低點補空獲利了結。

五、讀者是否發現12月6日股價跌破45線279元的當日最
　　低價261元。若當日沖則有（279元－261元）＝18元
　　的利潤。

　　若經過四日之後再沖掉，股價盤中最低來到248
元。則有（279元－248元）＝31元的利潤。可見寶王、
線王45度線的可信度很高。

圖（5-3）

上圖是聯發科日線圖。

一、圖中①所示是在下跌勢中找低點268元畫上升45度線，當股價跌破上升45度線時可短空。伺機獲利出場。

二、圖中②所示是當股價跌破上升45度線圖中①時，反向所畫出的下降45度線。

三、當股價跌破圖中①上升45度線時，當日股價自279元下跌到261元。後來再續跌到248元才止跌反彈。

聯發科在下跌與上升趨勢中的操作習作

　　無三不成禮我們連續舉了三次出手點做空。其實還有第四個出手點相信讀者一定能看出來。新竹有位學員知到筆者即將寫45度線的專用書。特別囑咐在書上留一些空白的45度線當習作。讓讀者練習畫45度線。在第九章9-3節就有一些習作，讀者可自行練習畫45度線。

　　現在筆者就以圖（5-4）當成習作。讀者可從圖（5-4）找出第四次的出手點，並計算當沖可獲得的利潤。

一、您可在圖（5-4）的248元畫一條上升的45度線，然後測量此45度線位置的價位256元

二、當股價跌破上升45度線時，再自高點271元畫一條下降45度線。

三、您會發現當股價跌破上升45度線時當日下跌到243元，若當沖仍有（256元 – 243元）= 13元利潤。

四、後來股價跳空突破下降的45度線。隔兩天後漲到286元。

● 由此可見當股價跌破上升45度線或突破下降45度線時，當日或未來數日皆有利可圖。因此45度線尊稱它作寶王或線王亦不為過。

圖（5-4）

一、上圖是聯發科日線圖的習作，讀者可自行練習畫上
　　升45度線或下降45度線。

二、圖中248元是畫上升45度線的位置。

三、圖中271元是畫下降45度線的位置。

統計聯發科三次出手做空獲利績效

現在筆者就圖（5-1）、圖（5-2）、圖（5-3），共三次出手做空聯發科的獲利統計如下表。

出手次數	做空價位	當日補空價	當沖獲利	數日後補空價	獲利
第一次 100年 10月28日	330元	322元	8元	311元	19元
第二次 100年 11月10日	318元	307元	11元	268元	50元
第三次 100年 12月6日	279元	261元	18元	248元	31元
合計			37元		100元

◉從圖表中可看出當股價跌破45度線當日做空當日補空（當沖）三次出手累計獲利37元。

◉若下跌趨勢尚未改變則數天之後再補空。累計獲利100元。

波段操作VS短線操作

或許讀者會質疑聯發科自345元一路下跌到243元，若採取波段操作會賺得更多。也可節省手續費。話雖如此，但筆者認為波段操作與短線操作各有優缺點，說明如下：

	優點	缺點
短線操作	一、可利用45度線的精緻畫法在轉折點出手操作 二、設價低進高出或高空低補來回操作賺差價 三、累計差價的獲利優於波段操作	一、股價的高低點不易抓準 二、失誤率較高，手續費也高 三、常有賣兒子買老爸的遺憾

	優點	缺點
波段操作	一、放長線釣大魚 二、節省進出手續費 三、不必天天看盤僅注意波段轉折點	一、不易判定股價是否有波段的漲幅或跌幅 二、在股價震盪容易被洗出去 三、累計獲利不一定勝過短線操作

●了解短線與波段操作的優缺點之後。讀者可衡量自己的習性適時選擇短線操作或波段操作。

●筆者的建議是當股價進入「盤整」的趨勢應採取短線來回操作較多利潤。

5-2　股價上漲趨勢的操作要領與績效

現在列舉聯發科當範例

上漲趨勢的45度線畫法（第一次出手操作）

　　在圖（5-1）、圖（5-2）、圖（5-3）所看到的皆是在下跌趨勢中如何利用45度線的做空。現在我們反向當股價在上漲趨中如何利用45度線做多。

一、在上漲勢中先找一個頭部（連續三天以上未創新高價）畫一條下降的45度線。如圖（5-5）的圖中①所示101年元月4日高點285.5元所畫出的下降45度線。

二、當股價在101年元月30日突破圖中①所示的下降45度線可短多。其價位是269元。如圖中標記的「●」符號。虛線箭頭所指的方向是第一次出手做多。

三、當股價突破269元後，除了買進（做多）之外，記得畫上升45度線。如圖中②所示。

四、當股價未跌破圖中②的上升45度線之前，表示做多方向正確。此時股價開始上漲。可伺機找高點賣出獲利了結。這是短線的操作手法。如圖中所示101年2月3日299元賣出則獲利（299元 – 269元）= 30元。

五、讀者是否發現當101年元月30日股價突破45度線269元的當天，最高價來到279.5元。若當日沖則有（279.5元 – 269元）= 10.5元的利潤。若再經過四天後在101年2月3日賣出則獲利（299元 – 269元）= 30元。

圖（5-5）

上圖是聯發科日線圖。

一、圖中①是在上漲趨勢中找高點285.5元畫下降45度線，當股價突破下降45度線時可短多，伺機獲利出場。

二、圖中②所示是當股價突破下降45度線圖中①時，反向所畫出的上升45度線。

三、當股價突破圖中①下降45度線時，當日股價自269元漲到279.5元，再經過四天股價漲到299元。

聯發科在上升趨勢中的操作範例

上漲趨勢中的45度線畫法（第二次出手操作）

一、在上漲趨勢中先找一個頭部（連續三天以上未創新高）畫一條下降的45度線。如圖（5-6）的圖中①所示101年2月4日高點299元，所畫出的下降45度線。

二、當股價在101年2月13日突破圖中①所示的下降45度線可短多。其價位是290元，如圖中標記「 • 」符號。虛線箭頭所指的方向是第二次出手做多。

三、當股價突破290元後，除了買進（做多）之外，記得畫上升的45度線如圖中②所示。

四、當股價未跌破圖中②的上升趨勢線之前，表示做多方向正確。此時股價開始上漲。可伺機找高點賣出獲利了結。這是短線的操作手法，如圖中所示在101年2月14日324.5元賣出則獲利（324.5元 – 290元）= 34.5元。

五、讀者是否發現當101年2月13日股價突破45度線290元的當天最高價來到311.5元。若當日沖則有（311.5元 – 290元）= 21.5元的利潤。隔一天101年2月14日股價最高來到324.5元。若隔日沖則有（324.5 – 290元）= 34.5元的利潤。

圖（5-6）

上圖是聯發科日線圖。

一、圖中①所示是在上漲趨勢中找高點299元畫下降45
　　度線，當股價突破下降45度線時可短多，伺機獲利
　　出場。

二、圖中②所示是當股價突破下降45度線圖中①時，反
　　向畫出的上升45度線。

三、當股價突破圖中①下降45度線時，當日股價自290
　　元漲到311.5元，在經過一天漲到324.5元，獲利可
　　觀。

聯發科在上升趨勢中的操作範例

上漲趨勢中的45度線畫法（第三次出手操作）

一、在上漲趨勢中先找一個頭部（連續三天以上未創新高）畫一條下降的45度線，如圖（5-7）的圖中①所示101年2月14日高點324.5元所畫出的下降45度線。

二、當股價在101年3月2日突破圖中①所示的下降45度線可短多。其價位是307元，如圖中標記「·」符號虛線箭頭所指的方向，是第三次出手做多。

三、當股價突破307元後，除了買進（做多）之外，記得畫上升的45度線，如圖②所示。

四、當股價未跌破圖中②的上升趨勢線之前，表示做多方向正確。此時股價開始上漲，可伺機找高點賣出獲利了結。這是短線的操作手法。如圖中所示在101年3月7日322元賣出則獲利（322元 － 307元）＝ 15元。

五、讀者是否發現當101年3月2日股價突破45度線307元的當天最高價來到316元。若當日沖則有（316元 － 307元）＝ 9元的利潤。在經過四天股價漲到322元。

●後來股價未突破前一波2月14日的高點324.5元，且跌破圖中②上升45度線，完成下跌一寶。結束了「上漲趨勢」改變成「盤整趨勢」。

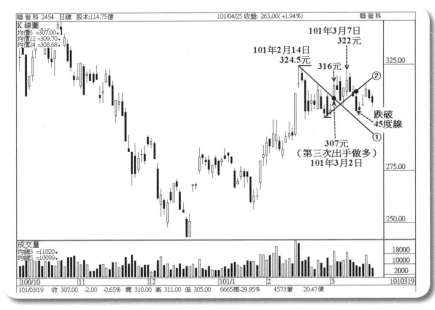

圖（5-7）

上圖是聯發科日線圖。

一、圖中①所示是在上漲趨勢中找高點324.5元畫下降45
　　度線，當股價突破下降45度線時可短多，伺機獲利
　　出場。

二、圖中②所示當股價突破下降45度線圖中①時，反向
　　畫出的上升45度線。

三、當股價突破圖中①下降45度線時，當日股價自307
　　元漲到316元，在經過四天漲到322元。

四、可惜未創前一波高點324.5元，後來跌破圖中②上升
　　45度線。結束上升趨勢改變成盤整趨勢。

統計聯發科三次出手做多獲利績效

現在筆者就圖（5-5）、圖（5-6）、圖（5-7）。共三次出手做多聯發科的獲利統計如下表。

出手次數	做多價位	當日賣出價	當沖獲利	數日後賣出價	獲利
第一次 101年 元月30日	269元	279.5元	10.5元	299元	30元
第二次 101年 2月13日	290元	311.5元	21.5元	324.5元	34.5元
第三次 101年 3月2日	307元	316元	9元	322元	15元
合計			41元		79.5元

◉從圖表中看看出當股價突破45度線當日做多，當日賣出（當沖）三次出手累計獲利41元。

◉若上漲趨勢尚未改變則數天之後再賣出，累計獲利79.5元。

◉後來聯發科股價如圖（5-7）未突破前一波高點101年2月14日的324.5元，且跌破圖中②所示的上升45度線，結束了「上漲趨勢」改變成「盤整趨勢」。

5-3 股價上升與下降45度線的畫法

　　現在筆者將聯發科的上升45度線與下降45度線合併畫在圖（5-8）給讀者參考。

一、從圖（5-8）可看出圖中①、②、③是在下跌趨勢中所畫出的上升45度線。您會發現到只要股價跌破上升45度線就會有一小段跌幅。此時做空就有利潤。

二、從圖（5-8）可看出圖中④、⑤、⑥是在上漲趨勢中所畫出的下降45度線。您會發現到只要股價突破下降45度線就會有一小段的漲幅。此時做多就有利潤。

三、圖中虛線的部份是股價由「上漲趨勢」進入「盤整趨勢」此時即可採取區間操作。其區間大約在299元～324.5元。

四、若股價突破324.5元則「盤整趨勢」再改變成「上漲趨勢」。反之股價跌破299元則改變成「下跌趨勢」。

五、股價永遠都是漲、跌、盤三種變化。45度線有能力獨挑大梁判定漲、跌、盤的轉折點，讓您贏在起跑點。

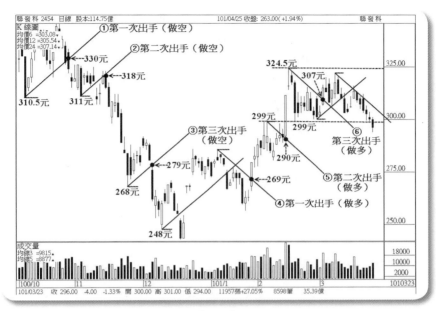

圖（5-8）

上圖是聯發科日線圖。

一、圖中所示①、②、③是在下跌趨勢中所畫出的上升
　　45度線。只要跌破上升45度線就有一小段跌幅，可
　　做空。

二、圖中所示④、⑤、⑥是在上升趨勢中所畫出的下降
　　45度線。只要突破下降45度線就有一小段漲幅，可
　　做多。

三、虛線部份是由「上漲趨勢」進入「盤整趨勢」。

　　45度線應用在股票的操作上雖然我們只有舉聯發科這檔個股當例子。在本書第九章的第3節45度線習作，筆者也放了幾張的股票K線圖，當做習作（Homework）讓讀者多多練習畫45度線。

　　雖然在畫線技巧中45度線對投資人是比較難學的技術。因為它必須有1.618：1黃金矩形的限制。很多投資人的股票軟體無法調整到黃金矩形的畫面。而且也無法測量45度角。筆者所使用的是大富軟體剛好有這種功能。不過市面上也漸漸出現可以調整黃金比例的軟體，預估會越來越普遍。

　　為了彌補上述缺點，所以筆者在第九章第3節才會放一些習作讓投資朋友練習畫45度線。在每周三、周五筆者也會在書友會網站（本書背面的網址）http://chen-lin.idv.tw 畫一張大盤的45度線圖放在「技術傳承」給讀者參考。不過必須有上過「訓練課程」的學員才可註冊。取得帳號密碼就可免費點閱。

　　俗云：「一次難、二次易、三次不考慮」多練習自然熟能生巧。只要看到K線圖就知道要從哪裡下手畫45度線。縱然畫錯了也會馬上知道，再做修改就可以。期待45度線能幫助讀者您抓對方向。只要方向對目標就會到。

第 六 章
45度線操作期貨的獲利秘訣

◎期指跳空上漲缺口的操作要領與績效

◎期指跳空下跌缺口的操作要領與績效

◎期指跳空上漲與下跌的小波段操作要
　領與績效

6 - 1 期指跳空上漲缺口的操作要領與績效

　　在上期貨的特訓班課程我們把期貨指數的切入點分成日線與分線兩大類。其中日線的切入點分成領先指標、最佳指標、波段指標。分線的切入點則分成九個重點。其詳細的內容可參閱《期權賺很大》書中的說明。

　　本章節是針對操作期貨的朋友，如何從45度線找切入點。45度線是「最佳指標」，不是「領先指標」。領先指標的優點是可以買在相對低點或空在相對高點，但其缺點是穩定度較差。45度線的優點是穩定度較佳，但缺點是無法買在相對低點，空在相對高點。「領先指標」與「最佳指標」各有千秋運用之妙在乎於心。

　　操作期貨通常是短線操作，甚至當沖操作，因此手腳要快。領先指標是逆勢單，一年當中出現的次數不多。通常是在連續急漲或連續急跌時才會出現。而45度線出現的次數較多。投資人可依自己操作的習性選擇適合自己的指標操作。

　　站在筆者的立場當然期望讀者成為全方位的操盤手。不論是「領先指標」、「最佳指標」或「波段指標」皆操作自如。台北有一位李小姐上完我們的訓練課程後，目前操作的績效非常好。每年皆有倍數以上的獲利，筆者與有榮焉。

從期指日線圖的跳空上漲缺口出手

　　在期貨的日線圖中時常出現跳空缺口，當缺口出現時隔天（下一個交易日）就有機會操作期貨指數且成功率很高。缺口可分為跳空上漲缺口與跳空下跌缺口。首先我們先說明跳空上漲缺口如何利用45度線操作期貨。

跳空上漲缺口的操作要領

一、順勢做多：當期指出現跳空上漲缺口時就記住此缺口的「最上限」。隔天（下一個交易日）或未來數天指數若突破此缺口「最上限」可做多。當日當沖至少有30～50點的獲利空間。若逢指數大漲則有50～80點以上的獲利空間。

二、逆勢做空：在跳空上漲缺口的「上限」畫出上升45度線。當隔天（下一個交易日）或未來數天指數跌破此上升45度線時，可做空。當日當沖至少有30～50點的獲利空間。若逢大跌則有50～80點以上的獲利空間。

從期貨日線跳空上漲缺口出手多空操作獲利績效

圖（6-1）期指日線圖

做多部分

一、如圖（6-1）的圖中①所示是跳空上漲缺口的「上限」所畫出的上升45度線。其跳空的位置在100年10月24日，其缺口最上線指數7503。當兩天後指數站上7503是做多買點。後來指數漲到100年10日28日的7777，可獲利（7777 – 7503）= 274點。

做空部分

一、在100年11月3日指數跌破圖中①所示上升45度線的位置7559。當日做空指數最低點來到7438。當日當沖獲利（7559 – 7438）= 121點。

重點提示

一、如上一頁我們所言當指數跳空上漲缺口出現時，若指數尚未跌破上升45度線且突破缺口「最上限」就可做多，當日至少有30～50點的獲利空間。若逢大漲則有50～80點的獲利空間。

二、如上一頁我們所言當指數跌破跳空上漲缺口所畫出的上升45度線時。當日做空至少有30～50點的獲利空間。若逢大跌則有50～80點的獲利空間。

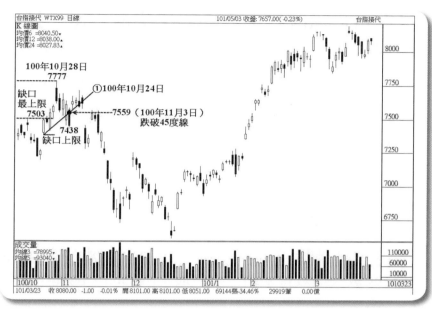

圖（6-1）

上圖是期指日線圖。

一、圖中①所示是在100年10月24日跳空上漲缺口的上限所畫出的上升45度線。

二、當指數突破（站上）最上限7503時是做多買點。最高漲到100年10月28日的7777。可獲利274點。

三、當指數在100年11月3日跌破圖中①上升45度線的位置7559，當日做空指數跌到7438可獲利121點。

從期指日線跳空上漲缺口出手多空操作獲利績效

　　為了讓讀者多瞭解跳空上漲缺口出線時如何做多與做空期貨指數，筆者再多舉一些範例以利讀者熟練缺口的操作技巧。

圖（6-2）是期指日線圖

做多部位

一、如圖（6-2）的圖中①所示，在100年11月14日出現跳空上漲缺口。此缺口最上限7563。因為隔天或未來數天指數皆未站上缺口最上限7563，因此不宜做多。

做空部位

一、圖中①所示在100年11月14日出現跳空上漲缺口所畫出的上升45度線。

二、指數在兩個交易日後（100年11月16日）跌破圖中①上升45度線的位置7534。當日做空期指最低點來到7384。當日當沖獲利（7534 – 7384）= 150點。

重點提示

一、當跳空上漲缺口出現時，指數尚未站上缺口「最上限」之前不宜做多。

二、當指數跌破跳空缺口所畫的上升45度線時，當日可短空，至少有30～50點的獲利空間。

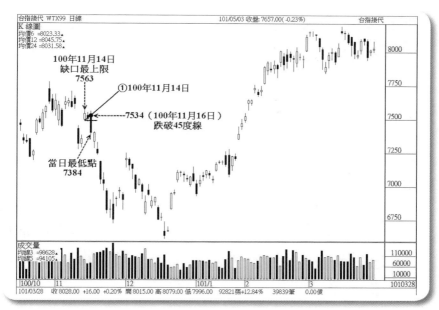

圖（6-2）

上圖是期指日線圖。

一、圖中①所示是在100年11月14日跳空上漲缺口的上限所畫出的上升45度線。

二、當指數尚未站上缺口最上限7563之前不宜做多。

三、當指數跌破圖中①所示上升45度線的位置7534，當日做空，指數跌到7384可獲利150點。

從期貨日線跳空上漲缺口出手多空操作獲利績效

　　無三不成禮，前面舉了二個跳空上漲缺口的實例。筆者再舉第三個跳空上漲缺口的實例給讀者參考。

圖（6-3）是期指日線圖

做多部位

一、如圖（6-3）的圖中①所示，在100年12月1日出現跳空上漲缺口。此缺口最上限7251，因為隔天或未來數天指數皆未站上缺口最上限7251，因此不宜做多。

做空部位

一、圖中①所示在100年12月1日出現跳空上漲缺口所畫出的上升45度線。

二、指數在兩個交易日後（100年12月5日）跌破圖中①所示上升45度線的位置7182。當日做空，當日K線最高點7168，指數最低來到7052。當日當沖獲利（7168-7052）= 116點。

重點提示

一、當跳空上漲缺口出現時，指數尚未站上缺口「最上限」之前不宜做多。

二、當指數跌破跳空缺口所畫的上升45度線時，當日短空至少30～50點的獲利空間。

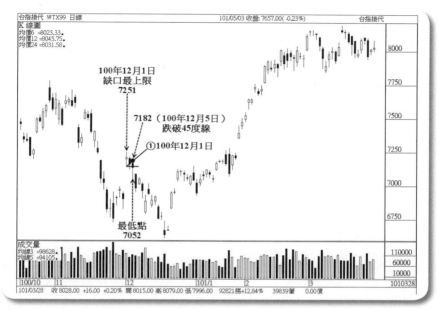

圖（6-3）

上圖是期指日線圖。

一、圖中①所示是在100年12月1日跳空上漲缺口的上限
　　所畫出的上升45度線。

二、當指數尚未站上缺口最上限7251之前不宜做多。

三、當指數跌破圖中①所示上升45度線的位置7182，當
　　日做空，當日K線最高點7168，指數跌到7052最大
　　獲利116點。

跳空上漲缺口出手操作空單的績效表

如圖（6-4）是100年10月～101年3月所出現跳空上漲的位置所畫出的上升45度線。當指數跌破上升45度線時，當日做空當沖獲利出場至少有30～50點的獲利空間。其成功率遠大於失敗率。若經過數日再補空可能賺更多。

100年10月～101年3月出現跳空上漲缺口，當指數跌破上升45度線做空當沖獲利統計表。

跌破跳空上漲缺口日期	跌破上升45度線位置	當日最低點	做空獲利	備註
100年11月3日	7559	7438	121	圖中①虛線所指方向是跌破45度線
100年11月16日	7534	7384	150	圖中②虛線所指方向是跌破45度線
100年12月5日	7182	7052	116	圖中③虛線所指方向是跌破45度線
100年12月28日	7096	7037	59	圖中④虛線所指方向是跌破45度線
101年元月16日	7201	7071	130	圖中⑤虛線所指方向是跌破45度線
101年2月6日	7717	7668	49	圖中⑥虛線所指方向是跌破45度線
101年3月5日	8091	8003	88	圖中⑦虛線所指方向是跌破45度線
101年3月15日	8150	8090	60	圖中⑧虛線所指方向是跌破45度線
合計			773	

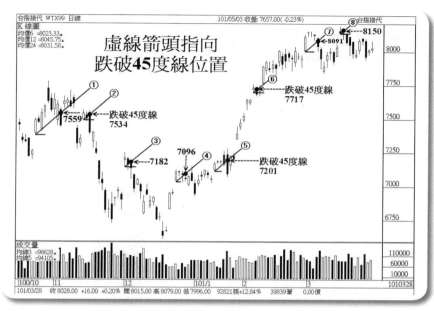

圖（6-4）

上圖是期指日線圖。

一、圖中①②③④⑤⑥⑦⑧所示是跳空上漲缺口所畫出
　　的上升45度線。

二、虛線箭頭所指方向是跌破45度線的位置點數。

三、當指數跌破45度線當日做空，當日沖至少有30～50
　　點以上的獲利空間。

6 - 2 期指跳空下跌缺口的操作要領與績效

從期指日線圖的跳空下跌缺口出手

在期貨的日線圖中時常出現跳空缺口。當缺口出現時隔天（下一個交易日）就有機會操作期貨指數且成功率很高。在前面近10頁的篇幅都是在談如何從跳空上漲的缺口操作期貨，現在我們反向說明跳空下跌缺口如何利用45度線操作期指。

跳空下跌缺口的操作要領

一、順勢做空：當期指出現跳空下跌缺口時就記住此缺口的「最下限」。隔天（下一個交易日）或未來數天若跌破缺口「最下限」可做空。當日當沖至少有30～50點的獲利空間。若逢指數大跌則有50～80點以上的獲利空間。

二、逆勢做多：在跳空下跌缺口的「下限」畫出下降45度線。當隔天（下一個交易日）或未來數天指數突破此45度線時做多。當日當沖至少有30～50點的獲利空間。若逢大漲則有50～80點的獲利空間。

從期指日線跳空下跌缺口出手多空操作獲利績效

圖（6-5）是期指日線圖

做空部位

一、圖中①所示是跳空下跌缺口的下限所畫出的下降45度線。其跳空的位置在100年6月16日，其缺口最下限指數8481。隔天指數跌破8481是做空的賣點。後來指數跌到100年6月27日的8260。可獲利（8481 – 8260）= 221點。

做多部位

一、在100年6月24日指數突破圖中①所示下降45度線的位置8383當日做多指數最高點來到8432。當日當沖獲利（8432 – 8383）=49點。經過三個交易日在100年6月29日再突破45度線，後來指數漲到8768，獲利更大。

重點提示

一、如上一頁所言當指數跳空下跌缺口出現時，若指數跌破缺口「最下限」可做空。當日至少有30～50點的獲利空間。若逢大跌則有50～80點的獲利空間。

二、如上一頁所言當指數突破跳空下跌缺口所畫出的下降45度線時，當日做多至少有30～50點的獲利空間。若逢大漲則有50～80點的獲利空間。

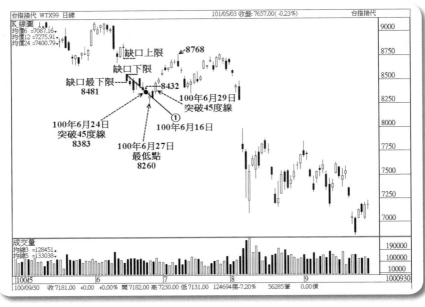

圖（6-5）

上圖是期指日線圖。

一、圖中①所示是在100年6月16日跳空下跌缺口下限所
　　畫出的下降45度線。

二、當指數跌破缺口最下限8481時是做空賣點。最低跌
　　到100年6月27日的8260，可獲利221點。

三、當指數在100年6月24日突破圖中①下降45度線位置
　　8383，當日做多當沖指數漲到8432可獲利49點。

從期指日線跳空下跌缺口出手多空操作獲利績效

為了讓讀者瞭解跳空下跌缺口出現時，如何做多或做空期貨指數，筆者再多舉一些範例以利讀者熟練缺口的操作技巧。

圖（6-6）是期指日線圖

做空部位

一、如圖（6-6）的圖中①所示在100年7月12日出現跳空下跌缺口。此缺口下限8538，最下限8412。因為隔天或未來數天指數皆未跌破缺口的最下限8412，因此不宜做空。

做多部位

一、圖中①所示在100年7月12日出現跳空下跌缺口，在缺口下限所畫出的下降45度線。

二、指數在兩個交易日後（100年7月15日）突破圖中①下降45度線的位置8446當日做多期貨最高來到8570。當日當沖獲利（8570 -8446）= 124點。

重點提示

一、當跳空下跌缺口出現時，指數尚未跌破缺口「最下限」之前不宜做空。

二、當指數突破跳空缺口所畫的下降45度線時，當日可短多，至少有30～50點的獲利空間。

圖（6-6）

上圖是期指日線圖。

一、圖中①所示是100年7月12日跳空下跌缺口下限所畫
　　出的下降45度線。

二、當指數尚未跌破缺口最下限8412之前不宜做空。

三、當指數在100年7月15日突破圖中①所示下降45度線
　　的位置8446，當日做多當沖指數漲到8570，可獲利
　　124點。

從期指日線跳空下跌缺口出手多空操作獲利績效

無三不成禮，前面舉了二個跳空下跌缺口的實例。筆者再舉第三個跳空下跌缺口的實例給讀者參考。

圖（6-7）是期指日線圖

做空部位

一、如圖（6-7）所示100年8月19日跳空下跌缺口，此缺口的下限7355，最下限7191。因為兩個交易日後指數未跌破缺口最下限7691，因此不宜做空。

做多部位

一、如圖（6-7）的圖中①所示是在100年8月19日出現跳空下跌缺口，在缺口下限所畫出的下降45度線。

二、指數在兩個交易日後（100年8月23日）突破圖中①下降45度線的位置7295。當日做多，指數最高來到7543，當日當沖獲利（7543 − 7295）= 248點。

重點提示

一、當跳空下跌缺口出現時，指數尚未跌破缺口「最下限」之前不宜做空。

二、當指數突破跳空缺口所畫的下降45度線時，當日可短多至少30～50點的獲利空間。

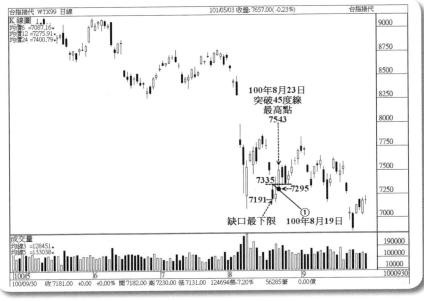

圖（6-7）

上圖是期指日線圖。

一、圖中①所示是100年8月19日跳空下跌缺口下限所畫
　　出的下降45度線。

二、當指數尚未跌破缺口最下限7191之前不宜做空。

三、當指數在100年8月23日突破圖中①所示下降45度線
　　的位置7295，當日做多當沖指數漲到7543可獲利
　　248點。

跳空下跌缺口出手操作多單的績效表

如圖（6-8）是100年5月～100年9月所出現跳空下跌的位置所畫出的下降45度線。當指數突破下降45度線時，當日做多當沖獲利出場至少有30～50點以上的獲利空間。其成功率遠大於失敗率。若經過數日再高出可能賺更多。

100年5月～100年9月出現跳空下跌缺口，當指數突破下跌缺口做多當沖獲利統計表。

突破跳空下跌缺口日期	突破下降45度線位置	當日最高點	做多獲利	備註
100年5月24日	8734	8767	33	圖中①虛線所指方向是突破45度線
100年6月24日	8383	8432	49	圖中②虛線所指方向是突破45度線
100年7月15日	8446	8570	124	圖中③虛線所指方向是突破45度線
100年8月15日	7792	7831	39	圖中④虛線所指方向是突破45度線
100年8月23日	7295	7543	248	圖中⑤虛線所指方向是突破45度線
100年9月7日	7496	7538	42	圖中⑥虛線所指方向是突破45度線
100年9月27日	7043	7135	92	圖中⑦虛線所指方向是突破45度線
合計			627	

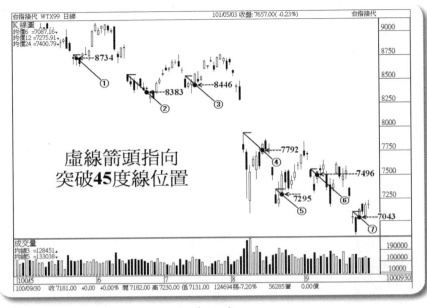

圖（6-8）

上圖是期指日線圖。

一、圖中①②③④⑤⑥⑦所示是跳空下跌缺口所畫出的
　　下降45度線。

二、虛線箭頭所指方向是突破45度線的位置點數。

三、當指數突破45度線時，當日做多。當日當沖至少有
　　30～50點以上的獲利空間。

6-3　期指跳空上漲與下跌的小波段操作績效

45度線小波段操作空單績效

　　前幾頁您所看到的是以跌破跳空上漲缺口與突破跳空下跌缺口操作當日當沖所獲利的績效。

　　若以小波段操作則獲利點數更多。如圖（6-9）是100年10月～101年3月指數跌破45度線做空經過數日後的獲利點數如下表。

當指數跌破45度線做空，小波段操作數日後獲利統計表。

跌破跳空上漲缺口日期	跌破上升45度線位置	數日後最低點	做空獲利	備註
100年11月3日	7559	7438	121	圖中①虛線所指方向是跌破45度線
100年11月16日	7534	6725	809	圖中②虛線所指方向是跌破45度線
100年12月5日	7182	6613	569	圖中③虛線所指方向是跌破45度線
100年12月28日	7096	6928	168	圖中④虛線所指方向是跌破45度線
101年元月16日	7201	7071	130	圖中⑤虛線所指方向是跌破45度線
101年2月6日	7717	7758 最上限	-41	圖中⑥虛線所指方向是跌破45度線
101年3月5日	8091	7840	251	圖中⑦虛線所指方向是跌破45度線
101年3月15日	8150	7952	198	圖中⑧虛線所指方向是跌破45度線
合計			2205	

　　從上一頁的統計表中僅在101年2月4日那一次失敗小賠41點。因為101年2月6日跌破45度線，僅兩天的時間就突破缺口的最上限7758，此時應該停損。停損點可設在突破45度線的位置或突破缺口最上限7758。

　　讀者可從圖（6-9）看出101年2月6日跌破圖中⑥所示上升45度線，經過兩個交易日在2月8日拉出長紅突破2月4日的缺口最上限7758，此時應停損空單，反手做多。如此多單所賺的點數就可彌補空單失敗的虧損。

　　在本書的第九章9-2節談到做錯怎麼辦？其中列舉三種補救方法：

　　一、停損退出

　　二、反向操作

　　三、鎖單操作

　　讀者必須守紀律養成良好的操作習慣，不怕錯，只怕拖，如此才不會使虧損擴大，甚至可以反敗為勝，切記！！

圖（6-9）

上圖是期指日線圖。

一、圖中①②③④⑤⑥⑦⑧所示是缺口精緻畫法的上升
　　45度線。

二、虛線箭頭所指方向是跌破45度線的位置點數。

三、當指數跌破45度線做空，數日之後再補空獲利的點
　　數更多。

25

45度線小波段操做多單績效

前幾頁您所看到的是以突破跳空下跌缺口與跌破跳空上漲缺口操作當日當沖所獲利的績效。

若以小波段操作則獲利點數更多。如圖（6-10）是100年5月～100年9月指數突破45度線做多，經過數日後小波段的獲利點數，如下表。

當指數突破45度線做多，小波段操作數日後獲利統計表。

突破跳空下跌缺口日期	突破下降45度線位置	數日後最高點	做多獲利	備註
100年5月24日	8734	9106	372	圖中①虛線所指方向是突破45度線
100年6月24日	8383	8768	385	圖中②虛線所指方向是突破45度線
100年7月15日	8446	8772	326	圖中③虛線所指方向是突破45度線
100年8月15日	7792	7498收盤價	-294	圖中④虛線所指方向是突破45度線
100年8月23日	7295	7849	554	圖中⑤虛線所指方向是突破45度線
100年9月7日	7496	7654	158	圖中⑥虛線所指方向是突破45度線
100年9月27日	7043	7230	187	圖中⑦虛線所指方向是突破45度線
合計			1688	

◉圖（6-10）的圖中④僅上漲兩天就跌破下降45度線產生虧損。停損點設在跌破下降45度線的位置。

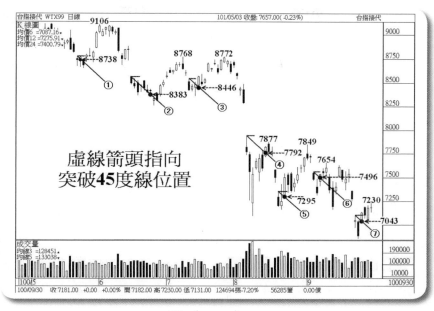

圖（6-10）

上圖是期指日線圖。

一、圖中①②③④⑤⑥⑦所示是缺口精緻畫法的下降45
　　度線。

二、虛線箭頭所指方向是突破45度線的位置點數。

三、當指數突破45度線做多，數日之後高出獲利點數更
　　多。

在第六章我們花了很大的篇幅說明如何利用45度線操作期貨指數。把重點放在缺口精緻畫法的位置上，請讀者別誤解操作期貨指數只看缺口位置。若無缺口出現亦可在突破下降45度線的位置出手做多，或跌破上升45度線的位置做空。其操作手法與缺口的操作技巧雷同。

請記住45度線的操作技巧只是在我們設定買賣點的其中之一，而45度線比較適用於日線或周線或月線。至於期指分鐘線的買賣點如何設定？在《期權賺很大》書中有列舉了九個重點如缺口的位置、大量的位置、騙線的位置、三線合一的位置、長期趨勢線的位置、多空線的位置、技術指標的位置、型態的位置、捲麻花的位置，以上九個重點只要同時出現2～3個都是很好的切入點。尤其是在排名前五名的位置出手，操作期指成功率最高。

目前已有很多學員操作期指的勝率非常高幾乎可達8～9成。建議多多閱讀《期權賺很大》必有收穫。若學會操作期貨指數，回頭再操作股票就會覺得很簡單。至於操作選擇權就更容易了，因為選擇權只要學會「股市三寶」抓對漲、跌、盤的轉折點切入就可獲利，在第七章就會討論。

第七章
45度線操作選擇權的獲利秘訣

重點提示

◎45度線操作選擇權的要領

◎指數由漲進入盤操作選擇權的要領與
　績效

◎指數由跌進入盤操作選擇權的要領與
　績效

◎指數在漲跌盤的轉折點操作選擇權的
　要領與績效

◎統計三個月45度線操作選擇權的績效

7-1 45度線操作選擇權的要領

　　前面第五章談到45度線操作股票的要領，第六章談到45度線操作期貨的要領並統計其獲利績效。

　　本章節將探討45度線操作選擇權的要領。45度線操作選擇權的績效不亞於股票或期貨，換言之利用45度線操作選擇權的成功率非常高，獲利績效不會輸給股票或期貨。唯一要注意的是選擇權有買方與賣方，而買方的權利金會受到時間價值的關係容易流失甚至歸零。

　　因此我們利用45度線操作選擇權原則上先以賣方為操作重點。若發現指數可能會大漲或大跌再作買方。如何判定大漲或是大跌？在《期權賺很大》這本書中有詳細的說明，目前還不會操作選擇權的朋友可先購買《期權賺很大》閱讀或參加我們期權班的課程。

　　選擇權的賣方雖然獲利有限風險無限，但只要做對方向就無風險。若做錯方向應採取自救策略將風險快速止住。在《期權賺很大》書中特別撰寫如何自救的重點策略。只要能掌控風險就可將虧損降到低水位，甚至還可反敗為勝。

　　目前我們有很多學員已學會操作選擇權且績效很好。因為選擇權不必像操作期貨那麼緊張，只要算準支撐與壓力，在結算日之前指數若不跌破支撐也不突破壓力則多空皆可獲利。

如何利用45度線操作選擇權

　　現在我們就來探討如何利用45度線操作選擇權。要操作選擇權之前一定要學會「股市三寶」，因為股市三寶是判定漲跌盤的不二法門。而45度線是股市三寶的寶王，因此只要利用45度線這一寶也可成功的操作選擇權。

操作選擇權的出手點
（在漲勢中跌破45度線進入盤整）

◉大盤趨勢由「漲」進入「盤」整趨勢，這代表指數在短時間內不會突破前波或近期的高點。此時我們就可在近期的高點設定為履約價，做賣方的賣出買權（sell call）。只要拖個5～8天以上，指數不再創新高（突破前高）就可開始獲利賺取時間價值。

操作選擇權的出手點
（在跌勢中突破45度線進入盤整）

◉大盤趨勢由「跌」勢進入「盤」整趨勢，這代表指數在短時間內不會跌破前波或近期的低點。此時我們就可在近期的低點設定為履約價，做賣方的賣出賣權（sell put）。只要拖個5～8天以上，指數不再創新低（跌破前低）就可開始獲利賺取時間價值。

操作選擇權的四個重要的出手點

上一頁談到操作選擇權的兩個重要的出手點

一、大盤由「漲」勢進入「盤」整趨勢，此時做空選擇權的「賣出買權」。若能判斷出有大跌機會，再加碼「買進賣權」。

二、大盤由「跌」勢進入「盤」整趨勢，此時做多選擇權的「賣出賣權」。若能判斷出有大漲機會，在加碼「買進買權」。

三、當大盤趨勢由「盤」整趨勢進入「跌」勢，此時也可做空選擇權「賣出買權」。若能判斷有大跌機會，再加碼「買進賣權」。

四、當大盤趨勢由「盤」整趨勢進入「漲」勢，此時也可做多選擇權「賣出賣權」。若能判斷有大漲機會，再加碼「買進買權」。

◉以上四個轉折點皆可出手操作選擇權。如何判定大漲、大跌，再提醒一次務必參閱《期權賺很大》書中的說明。本書所舉的實例大都由「漲」改變成「盤」，或是由「跌」改變成「盤」。依45度線的轉折點作為出手點。換言之，在下跌趨勢中突破45度線做多。在上漲趨勢中跌破45度線做空。

7-2　指數由「盤」進入「漲」操作選擇權要領與績效

指數由盤進入漲操作選擇權實例

　　操作選擇權朋友務必學會股市三寶判定漲、跌、盤的轉折點，如此才會提高勝率。尤其是45度線寶王的轉折點是出手操作選擇權的最佳時機。我們先以大盤指數為實例，往後的例子再以期指當實例，因為期指具有領先大盤的作用。

做多選擇權賣方

　　從圖（7-1）可看出101年元月30日農曆年後指數突破45度線跳空大漲，大盤指數收7407。研判指數在短時間內不會跌破7400，因此在7400履約價出手做多2月份選擇權賣方（賣出賣權）（因元月份已結算）。當時7400履約價賣權的權利金是96點，可參閱行情表（7-1）。到了2月15日（結算日）的前一天2月14日平倉，當日的權利金54點，獲利42點，可參閱行情表（7-2）。若2月15日結算日平倉則可賺回全數的權利金。

做多選擇權買方

　　若在元月30日同樣做多，而是做在選擇權的買方（買進買權）當時7400履約價的權利金是132點。到了2月14日平倉，買權的權利金是477點，獲利345點，高達2.6倍。

　　因為指數自元月30日跳空上漲之後，一路上漲到8170呈現大漲，對操作買方比較有利。如何判定大漲、大跌？可參閱《期權賺很大》書中所設定的條件。

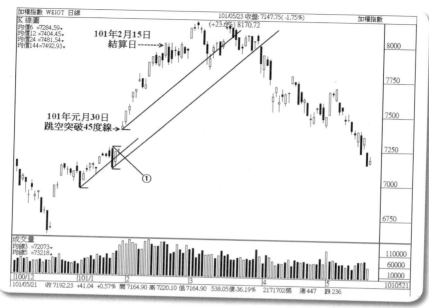

圖（7-1）

上圖是大盤指數圖。

一、如圖中①所示在101年元月30日指數跳空突破45度線由「盤」進入「漲」。

二、研判指數在短時間內不會跌破7400，因此在7400履約價做多選擇權賣方（賣出賣權）。101年2月14日平倉獲利42點。

三、若做多選擇權買方（買進買權），101年2月14日平倉獲利345點。

指數由「盤」進入「漲」做多選擇權賣方（賣出賣權）

　　行情表（7-1）是指數在元月30日突破45度線做多選擇權賣方（賣出賣權），當時7400履約價賣權的權利金是96點。2月14日（結算日前一天）平倉，當時權利金是54點。如行情表（7-2）所示，獲利42點。若2月15日結算日平倉可賺回全數的權利金。

元月30日突破45度線做多

賣權							2012/02	賣權						
買價	賣價	成交價	漲跌	單量	總量			買價	賣價	成交價	漲跌	單量	總量	
930	945	925	▲ 205.0	1	11	◁ 6500 ▷		3.1	3.2	3.1	▼ 14.4	5	3145
830	845	820	▲ 195.0	1	38	◁ 6600 ▷		4.0	4.1	4.1	▼ 19.9	2	4160
735	745	735	▲ 200.0	2	27	◁ 6700 ▷		5.5	5.6	5.6	▼ 26.9	2	5982
640	650	645	▲ 200.0	1	87	◁ 6800 ▷		8.0	8.2	8.2	▼ 36.3	1	11851
545	550	535	▲ 170.0	1	67	◁ 6900 ▷		11.0	11.5	11.5	▼ 51.5	1	12694
451	455	453	▲ 167.0	1	546	◁ 7000 ▷		17.0	17.5	17.0	▼ 68.0	1	15628
360	364	360	▲ 142.0	10	1217	◁ 7100 ▷		25.5	26.0	26.0	▼ 90.0	1	12803
275	278	277	▲ 119.0	6	4481	◁ 7200 ▷		40.0	40.5	40.5	▼ 115.5	1	15276
198	200	199	▲ 89.0	10	7826	◁ 7300 ▷		62	63	62	▼ 147.0	1	11993
131	133	132	▲ 61.0	7	14408	◁ 7400 ▷		95	97	96	▼ 172.0	7	7498

行情表（7-1）

2月14日平倉

賣權							2012/02	賣權						
買價	賣價	成交價	漲跌	單量	總量			買價	賣價	成交價	漲跌	單量	總量	
660	665	660	▼ 75.0	1	26	◁ 7200 ▷		28.5	29.5	29.5	▲ 3.5	1	1327
570	575	570	▼ 60.0	1	12	◁ 7300 ▷		39.0	40.0	40.0	▲ 5.5	1	3227
485	490	477	▼ 63.0	4	28	◁ 7400 ▷		53	54	54	▲ 9.0	4	2831
405	408	405	▼ 64.0	2	56	◁ 7500 ▷		72	73	73	▲ 10.0	7	6103
330	332	332	▼ 55.0	2	250	◁ 7600 ▷		97	99	97	▲ 14.0	1	2675
262	264	265	▼ 50.0	1	172	◁ 7700 ▷		129	131	130	▲ 21.0	1	2483
202	204	200	▼ 49.0	1	627	◁ 7800 ▷		168	170	171	▲ 27.0	1	2195
150	152	150	▼ 40.0	1	1968	◁ 7900 ▷		217	219	218	▲ 33.0	10	1697
109	110	109	▼ 34.0	2	3289	◁ 8000 ▷		276	278	279	▲ 40.0	1	341
77	78	77	▼ 27.0	1	2999	◁ 8100 ▷		342	345	351	▲ 52.0	1	194

行情表（7-2）

指數由「盤」進入「漲」做多選擇權買方（買進買權）

　　行情表（7-3）是指數在元月30日突破45度線做多選擇權買方（買進買權），當時7400履約價買權的權利金是132點。2月14日（結算日）前一天平倉，當時權利金是477點行情表（7-4），獲利345點，高達2.6倍。

元月30日突破45度線做多

買權							賣權					
買價	賣價	成交價	漲跌	單量	總量		買價	賣價	成交價	漲跌	單量	總量
						2012/02						
930	945	925	▲ 205.0	1	11	◀ 6500 ▶	3.1	3.2	3.1	▼ 14.4	5	3145
830	845	820	▲ 195.0	1	38	◀ 6600 ▶	4.0	4.1	4.1	▼ 19.9	2	4160
735	745	735	▲ 200.0	2	27	◀ 6700 ▶	5.5	5.6	5.6	▼ 26.9	2	5982
640	650	645	▲ 200.0	1	87	◀ 6800 ▶	8.0	8.2	8.2	▼ 36.3	1	11851
545	550	535	▲ 170.0	1	67	◀ 6900 ▶	11.5	11.5	11.5	▼ 51.5	1	12694
451	455	453	▲ 167.0	1	546	◀ 7000 ▶	17.0	17.5	17.0	▼ 68.0	1	15628
360	364	360	▲ 142.0	10	1217	◀ 7100 ▶	25.5	26.0	26.0	▼ 90.0	1	12803
275	278	277	▲ 119.0	6	4481	◀ 7200 ▶	40.0	40.5	40.5	▼ 115.5	1	15276
198	200	199	▲ 89.0	10	7826	◀ 7300 ▶	62	63	62	▼ 147.0	1	11993
131	133	(132)	▲ 61.0	7	14408	◀ 7400 ▶	95	97	96	▼ 172.0	7	7498

行情表（7-3）

2月14日平倉

買權							賣權					
買價	賣價	成交價	漲跌	單量	總量		買價	賣價	成交價	漲跌	單量	總量
						2012/02						
660	665	660	▼ 75.0	1	26	◀ 7200 ▶	28.5	29.5	29.5	▲ 3.5	1	1327
570	575	570	▼ 60.0	1	12	◀ 7300 ▶	39.0	40.0	40.0	▲ 5.5	1	3227
485	490	(477)	▼ 63.0	4	28	◀ 7400 ▶	53	54	54	▲ 9.0	4	2831
405	408	405	▼ 64.0	2	56	◀ 7500 ▶	72	73	73	▲ 10.0	7	6103
330	332	332	▼ 55.0	2	250	◀ 7600 ▶	97	99	97	▲ 14.0	1	2675
262	264	265	▼ 50.0	1	172	◀ 7700 ▶	129	131	130	▲ 21.0	1	2483
202	204	200	▼ 49.0	1	627	◀ 7800 ▶	168	170	171	▲ 27.0	1	2195
150	152	150	▼ 40.0	2	1968	◀ 7900 ▶	217	219	218	▲ 33.0	10	1697
109	110	109	▼ 34.0	2	3289	◀ 8000 ▶	276	278	279	▲ 40.0	1	341
77	78	77	▼ 27.0	1	2999	◀ 8100 ▶	342	345	351	▲ 52.0	1	194

行情表（7-4）

7-3　指數由「漲」進入「盤」操作選擇權要領與績效

指數由「漲」進入「盤」操作選擇權實例

我們舉的實例是以期貨指數圖為例，因為期貨指數有領先大盤指數的作用。若以大盤指數圖判定漲、跌、盤亦可。

從圖（7-2）可看出指數自從過了101年的農曆年後開始大漲，漲到101年3月5日如圖中所示跌破跳空缺口的上升45度線。由「漲」進入「盤」可做空。

做空選擇權賣方

此時大盤趨勢由「漲」進入「盤」整趨勢。研判指數在短時間之內不會突破8187的高點。因此在8100或8200的履約價就可出手做空賣方（賣出買權）。當時8100履約價的權利金是114點，到了3月21日結算日只剩0.4點，可賺回全數的權利金，獲利近100％。可參閱選擇權行情表（7-5）與行情表（7-6）。

做空選擇權買方

若3月5日同樣做空，而是操作選擇權的買方（買進賣權）。當時3月5日8100履約價的權利金是137點，到了3月21日結算日的權利金是134點，不但沒賺反而到賠了（134點 - 137點）= -3點。

因為當3月5日指數跌破45度線之後，指數並沒有產生大跌情況，而是處在整理情況。因此操作買方其權利金受

到時間價值的影響，不賺反賠。可見操作賣方的成功率
大於買方。

圖（7-2）

一、如圖所示指數在101年3月5日指數跌破缺口精緻畫
　　的上升45度線，由「漲」改變成「盤」。

二、研判指數在短時間之內不會突破8187的高點，因此
　　在8100的履約價做空（賣出買權）。

三、在3月21日結算日可獲利近100％。

指數由「漲」進入「盤」做空選擇權賣方（賣出買權）

　　行情表（7-5）是3月5日指數跌破缺口精緻畫的上升45度線。在履約價8100做空選擇權賣方（賣出買權），當時權利金是114點。到3月21日結算日如行情表（7-6）所示權利金只剩0.4點獲利113.6點接近100％。

3月5日跌破45度線做空

買權							2012/03	賣權					
買價	賣價	成交價	漲跌	單量	總量			買價	賣價	成交價	漲跌	單量	總量
680	690	700	▼ 15.0	1	2	◀ 7400 ▶		9.7	9.9	9.8	▲ 1.4	1	121
585	595	595	▼ 25.0	1	6	◀ 7500 ▶		14.0	14.5	14.5	▲ 2.5	1	244
494	498	500	▼ 30.0	1	3	◀ 7600 ▶		20.0	20.5	20.5	▲ 3.0	55	653
404	407	405	▼ 41.0	1	5	◀ 7700 ▶		29.5	30.0	29.5	▲ 5.0	1	903
318	322	319	▼ 37.0	1	28	◀ 7800 ▶		43.5	44.0	44.0	▲ 7.5	1	915
239	241	240	▼ 34.0	2	65	◀ 7900 ▶		64	65	65	▲ 11.0	5	1408
170	172	170	▼ 32.0	3	247	◀ 8000 ▶		95	96	95	▲ 15.0	1	1356
113	114	114	▼ 23.0	1	1545	◀ 8100 ▶		137	139	137	▲ 21.0	1	1412
70	71	70	▼ 17.0	2	1840	◀ 8200 ▶		194	195	194	▲ 28.0	2	189
39.5	40.0	40.0	▼ 12.0	1	2659	◀ 8300 ▶		263	266	265	▲ 34.0	1	106

行情表（7-5）

3月21日結算日平倉

買權							2012/03	賣權					
買價	賣價	成交價	漲跌	單量	總量			買價	賣價	成交價	漲跌	單量	總量
366	369	373	▼ 12.0	2	81	◀ 7600 ▶		0.1	0.2	0.1	▼ 0.6	1	348
265	269	272	▼ 17.0	1	399	◀ 7700 ▶		0.1	0.2	0.2	▼ 1.2	1	730
166	168	171	▼ 19.0	1	2440	◀ 7800 ▶		0.2	0.3	0.3	▼ 4.0	10	4263
67	69	68	▼ 29.0	11	33922	◀ 7900 ▶		1.8	2.0	1.8	▼ 10.7	20	51625
6.5	6.6	6.5	▼ 22.0	20	99105	◀ 8000 ▶		39.5	40.0	40.0	▼ 3.0	20	73023
0.3	0.4	0.4	▼ 5.5	3	21674	◀ 8100 ▶		133	134	134	▲ 13.0	1	17177
0.1	0.3	0.2	▼ 1.6	1	5679	◀ 8200 ▶		232	234	234	▲ 16.0	5	1332
0.1	0.2	0.2	▼ 0.6	4	2829	◀ 8300 ▶		332	335	328	▲ 15.0	1	121
0.1	0.2	0.1	▼ 0.1	5	287	◀ 8400 ▶		431	435	426	▲ 10.0	1	4
--	0.2	0.2	0.0	1	415	◀ 8500 ▶		530	540	500	▼ 25.0	14	22

行情表（7-6）

指數由「漲」進入「盤」做空選擇權買方 （買進賣權）

行情表（7-7）是3月5日指數跌破缺口精緻畫的45度線。同樣做空8100履約價，但是做空選擇權買方（買進賣權）當時權利金是137點，3月21日結算日如行情表（7-8）所示權利金是134點，虧損3點。可見做在買方成功率較低。

3月5日跌破45度線做空

賣權								賣權					
買價	賣價	成交價	漲跌	單量	總量	2012/03		買價	賣價	成交價	漲跌	單量	總量
680	690	700	▽ 15.0	1	2	◁ 7400 ▷		9.7	9.9	9.8	▲ 1.4	1	121
585	595	595	▽ 25.0	1	6	◁ 7500 ▷		14.0	14.5	14.5	▲ 2.5	1	244
494	498	500	▽ 30.0	1	3	◁ 7600 ▷		20.0	20.5	20.5	▲ 3.0	55	653
404	407	405	▽ 41.0	1	5	◁ 7700 ▷		29.5	30.0	29.5	▲ 5.0	1	903
318	322	319	▽ 37.0	1	28	◁ 7800 ▷		43.5	44.0	44.0	▲ 7.5	1	915
239	241	240	▽ 34.0	2	65	◁ 7900 ▷		64	65	65	▲ 11.0	5	1408
170	172	170	▽ 32.0	3	247	◁ 8000 ▷		95	96	95	▲ 15.0	1	1356
113	114	114	▽ 23.0	1	1545	◁ 8100 ▷		137	139	(137)	▲ 21.0	1	1412
70	71	70	▽ 17.0	1	1840	◁ 8200 ▷		194	195	194	▲ 28.0	2	189
39.5	40.0	40.0	▽ 12.0	1	2659	◁ 8300 ▷		263	266	265	▲ 34.0	1	106

行情表（7-7）

3月21日結算日平倉

賣權								賣權					
買價	賣價	成交價	漲跌	單量	總量	2012/03		買價	賣價	成交價	漲跌	單量	總量
366	369	373	▽ 12.0	2	81	◁ 7600 ▷		0.1	0.2	0.1	▽ 0.6	1	348
265	269	272	▽ 17.0	1	399	◁ 7700 ▷		0.1	0.2	0.2	▽ 1.2	1	730
166	168	171	▽ 19.0	1	2440	◁ 7800 ▷		0.2	0.3	0.3	▽ 4.0	10	4263
67	69	68	▽ 29.0	11	33922	◁ 7900 ▷		1.8	2.0	1.8	▽ 10.7	20	51625
6.5	6.6	6.5	▽ 22.0	20	99105	◁ 8000 ▷		39.5	40.0	40.0	▽ 3.0	20	73023
0.3	0.4	0.4	▽ 5.5	3	21674	◁ 8100 ▷		133	134	(134)	▲ 13.0	1	17177
0.1	0.3	0.2	▽ 1.6	1	5679	◁ 8200 ▷		232	234	234	▲ 16.0	5	1332
0.1	0.2	0.2	▽ 0.6	4	2829	◁ 8300 ▷		332	335	328	▲ 10.0	1	121
0.1	0.2	0.1	▽ 0.1	5	287	◁ 8400 ▷		431	435	426	▲ 10.0	1	4
--	0.2	0.2			415	◁ 8500 ▷		530	540	500	▽ 25.0	14	22

行情表（7-8）

●因指數在結算日之前未出現大跌，因此操作買方易受時間價值的影響產生虧損。

7 - 4 指數由「跌」進入「盤」操作選擇權要領與績效

指數由「跌」進入「盤」操作選擇權實例

我們仍然以期貨指數為例，因為期貨指數有領先大盤的作用。若以大盤指數判定漲、跌、盤亦可。

做多選擇權賣方

從圖（7-3）可看出指數在101年3月13日如圖中所示突破下降45度線，此時大盤趨勢由「跌」勢進入「盤」整趨勢。研判指數在短時間之內不會跌破如圖（7-3）所示，7824的低點，因此在7800或7900的履約價就可出手做多賣方（賣出賣權）。當時7800履約價的權利金是28點，到了3月21日結算日只剩0.3點可賺回全數的權利金，獲利近100％。可參閱選擇權行情表（7-9）與行情表（7-10）。

做多選擇權買方

若3月13日同樣做多，而是操作選擇權的買方（買進買權）。當時3月13日7800履約價的權利金是238點，到了3月21日結算日的權利金是171點，不但沒賺反而倒賠（171點 - 238點）= -67點。

因為當3月12日指數突破45度線之後，指數並沒有大漲而是處在整理情況。因此操作買方其權利金受到時間價值的影響不賺反賠。尤其愈接近結算日權利金流失的愈嚴重，可見操作賣方的勝率大於買方。

圖（7-3）

一、如圖所示指數在101年3月13日突破下降45度線，由「跌」改變成「盤」。

二、研判指數在短時間之內不會跌破7824的低點，因此在7800履約價做多（賣出賣權）。

三、在3月21日結算日可獲利近100％。

四、若操作買方則虧損67點，因買方易受時間價值的影響。

指數由「跌」進入「盤」做多選擇權賣方（賣出賣權）

　　行情表（7-9）是3月13日指數突破下降45度線，在履約價7800做多選擇權賣方（賣出賣權）。當時的權利金是28點，到了3月21日結算日如行情表（7-10）所示權利金只剩0.3點，獲利27.7點，接近100％。

3月13日突破45度線做多

賣權								賣權						
買價	賣價	成交價	漲跌	單量	總量			買價	賣價	成交價	漲跌	單量	總量	
							2012/03							
610	620	605	▲ 70.0	1	1	◀	7400 ▶	3.9	4.0	4.0	▼ 5.3	10	1263	
510	520	515	▲ 72.0	1	9	◀	7500 ▶	6.1	6.3	6.2	▼ 7.8	10	2997	
418	422	421	▲ 73.0	1	71	◀	7600 ▶	9.7	9.8	9.7	▼ 11.8	2	5126	
325	328	327	▲ 16.0	24	593	◀	7700 ▶	16.0	16.5	16.5	▼ 17.5	3	7221	
237	239	238	▲ 61.0	1	755	◀	7800 ▶	28.0	28.5	(28.0)	▼ 26.0	2	8651	
158	160	159	▲ 51.0	1	2701	◀	7900 ▶	48.5	49.0	48.5	▼ 36.5	2	9267	
92	93	93	▲ 34.0	3	10424	◀	8000 ▶	82	83	83	▼ 52.0	5	6002	
46.0	47.0	46.5	▲ 18.0	7	10112	◀	8100 ▶	136	138	136	▼ 67.0	6	3224	
20.0	20.5	20.5	▲ 8.5	1	12750	◀	8200 ▶	210	211	210	▼ 74.0	1	428	
8.5	8.7	8.6	▲ 3.1	10	4170	◀	8300 ▶	296	300	299	▼ 86.0	14	213	

行情表（7-9）

3月21日平倉

賣權								賣權						
買價	賣價	成交價	漲跌	單量	總量			買價	賣價	成交價	漲跌	單量	總量	
							2012/03							
366	369	373	▼ 12.0	2	81	◀	7600 ▶	0.1	0.2	0.1	▼ 0.6	1	348	
265	269	272	▼ 17.0	1	399	◀	7700 ▶	0.1	0.2	0.2	▼ 1.2	1	730	
166	168	171	▼ 19.0	1	2440	◀	7800 ▶	0.2	0.3	(0.3)	▼ 4.0	10	4263	
67	69	68	▼ 29.0	11	33922	◀	7900 ▶	1.8	2.0	1.8	▼ 10.7	20	51625	
6.5	6.6	6.5	▼ 22.0	20	99105	◀	8000 ▶	39.5	40.0	40.0	▼ 3.0	20	73023	
0.3	0.4	0.4	▼ 5.5	3	21674	◀	8100 ▶	133	134	134	▲ 13.0	1	17177	
0.1	0.3	0.2	▼ 1.6	1	5679	◀	8200 ▶	232	234	234	▲ 16.0	5	1332	
0.1	0.2	0.2	▼ 0.6	4	2829	◀	8300 ▶	332	335	328	▲ 10.0	1	121	
0.1	0.2	0.1	▼ 0.1	5	287	◀	8400 ▶	431	435	426	▲ 10.0	1	4	
--	0.2	0.2	▼ 0.0	1	415	◀	8500 ▶	530	540	500	▼ 25.0	14	22	

行情表（7-10）

指數由「跌」進入「盤」做多選擇權買方（買進買權）

　　行情表（7-11）是3月13日只突破下降45度線，在履約價7800做多選擇權買方（買進買權）。當時的權利金是238點，到3月21日結算日如行情表（7-12）所示權利金是171點，虧損67點。可見做在買方成功率較低。

3月13日突破45度線做多

買權							賣權					
買價	賣價	成交價	漲跌	單量	總量		買價	賣價	成交價	漲跌	單量	總量
						2012/03						
610	620	605	▲ 70.0	1	1	◀ 7400 ▶	3.9	4.0	4.0	▼ 5.3	10	1263
510	520	515	▲ 72.0	1	9	◀ 7500 ▶	6.1	6.3	6.2	▼ 7.8	10	2997
418	422	421	▲ 73.0	1	71	◀ 7600 ▶	9.7	9.8	9.7	▼ 11.8	2	5126
325	328	327	▲ 65.0	24	593	◀ 7700 ▶	16.0	16.5	16.5	▼ 17.5	3	7221
237	239	238	▲ 61.0	1	755	◀ 7800 ▶	28.0	28.5	28.0	▼ 26.0	2	8651
158	160	159	▲ 51.0	1	2701	◀ 7900 ▶	48.5	49.0	48.5	▼ 36.5	2	9267
92	93	93	▲ 34.0	3	10424	◀ 8000 ▶	82	83	83	▼ 52.0	5	6002
46.0	47.0	46.5	▲ 18.0	7	10112	◀ 8100 ▶	136	138	136	▼ 67.0	6	3224
20.0	20.5	20.5	▲ 8.5	1	12750	◀ 8200 ▶	210	211	210	▼ 74.0	1	428
8.5	8.7	8.6	▲ 3.1	10	4170	◀ 8300 ▶	296	300	299	▼ 86.0	14	213

行情表（7-11）

3月21日結算日平倉

買權							賣權					
買價	賣價	成交價	漲跌	單量	總量		買價	賣價	成交價	漲跌	單量	總量
						2012/03						
366	369	373	▼ 12.0	2	81	◀ 7600 ▶	0.1	0.2	0.1	▼ 0.6	1	348
265	269	272	▼ 17.0	1	399	◀ 7700 ▶	0.1	0.2	0.2	▼ 1.2	1	730
166	168	171	▼ 19.0	1	2440	◀ 7800 ▶	0.2	0.3	0.3	▼ 4.0	10	4263
67	69	68	▼ 29.0	11	33922	◀ 7900 ▶	1.8	2.0	1.8	▼ 10.7	20	51625
6.5	6.6	6.5	▼ 22.0	20	99105	◀ 8000 ▶	39.5	40.0	40.0	▼ 3.0	20	73023
0.3	0.4	0.4	▼ 5.5	3	21674	◀ 8100 ▶	133	134	134	▲ 13.0	1	17177
0.1	0.3	0.2	▼ 1.6	1	5679	◀ 8200 ▶	232	234	234	▲ 16.0	5	1332
0.1	0.2	0.2	▼ 0.6	4	2829	◀ 8300 ▶	332	335	328	▲ 10.0	1	121
0.1	0.2	0.1	▼ 0.1	5	287	◀ 8400 ▶	431	435	426	▲ 10.0	1	4
--	0.2	0.2	0.0		1	415	◀ 8500 ▶	530	540	500	▼ 25.0	14	22

行情表（7-12）

●因指數在結算日之前未出現大漲，因此操作買方易受時間價值的影響產生虧損。

7 - 5　指數由「漲」進入「盤」再進入「跌」選擇權要領與績效

　　我們還是以期貨的指數圖為實例。從圖（7-4）可看出指數在101年3月20日跌破上升45度線，因為隔天3月21日是3月份的結算日，因此可操作4月份的選擇權。

　　當3月20日跌破上升45度線時當天就可做空選擇權。或等未來1～3天內指數仍無法突破上升45度線或反向所畫出的下降45度線，如圖（7-4）圖中所示的①（上升45度線）或②（下降45度線）。

做空選擇權賣方

　　當指數跌破上升45度線時，大盤趨勢由「漲」進入「盤」，短時間之內指數不會突破8188的高點。此時我們選擇在3月23日做空4月份履約價8100選擇權賣方（賣出買權）。當時8100買權的權利金是128點，到了4月17日（結算日前一天）權利金只剩15點，獲利（128點 - 15點）＝113點，獲利88%。

做空選擇權買方

　　若3月23日同樣做空，而是操作選擇權的買方（買進賣權）。當日3月23日8100履約價賣權的權利金是168點，到了4月17日（結算日前一天）權利金是489點，獲利（489點 - 168點）＝321點，獲利（321點 ÷ 168點）＝1.9倍。

　　為何這次操作買方獲利遠大於賣方？因為適逢指數大跌，買方的獲利會大於賣方，如圖（7-4）圖中③所示3月29日長黑跌破前波低點，預測指數會大跌，可加碼買方的空單（買進賣權）。

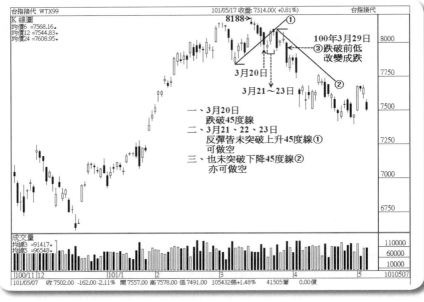

圖（7-4）

上圖是期指日線圖。

一、如圖所示在101年3月20日跌破上升45度線由「漲」改變成「盤」。

二、研判指數短時間之內不會突破8188的高點，因此8100的履約價做空（賣出買權）。而在3月29日長黑跌破前波低點預測會大跌可加碼買方的put。

三、在4月17日（結算日前一天）平倉賣出買權獲利88％，買進賣權獲利1.9倍。

指數由「漲」進入「盤」再進入「跌」做空選擇權（賣出買權）

　　行情表（7-13）是3月20日指數跌破上升45度線，選擇在3月23日做空選擇權賣方（賣出買權）。當時權利金是128點，4月17日（結算日前一天）平倉如行情表（7-14）所示權利金只剩15點，獲利113點約88％。

3月23日跌破45度線做空

| 買權 | | | | | | | | 賣權 | | | | | | |
買價	賣價	成交價	漲跌	單量	總量			買價	賣價	成交價	漲跌	單量	總量
						2012/04							
575	585	575	▼20.0	2	70	◁7500▷	20.0	20.5	20.0	▲2.0	3	2983
487	491	488	▼22.0	1	48	◁7600▷	29.5	30.0	29.5	▲2.5	4	3158
401	405	401	▼19.0	1	77	◁7700▷	42.5	43.5	43.0	▲4.5	10	4493
321	324	326	▼12.0	20	193	◁7800▷	62	63	62	▲5.0	2	9281
248	250	248	▼15.0	1	492	◁7900▷	88	89	89	▲9.0	1	5773
183	184	184	▼11.0	1	1651	◁8000▷	123	124	123	▲11.0	2	5019
129	130	128	▼10.0	1	4941	◁8100▷	168	170	168	▲11.0	1	1457
86	87	87	▼7.0	5	8374	◁8200▷	225	228	227	▲17.0	2	447
56	57	56	▼4.0	18	10469	◁8300▷	294	297	294	▲17.0	2	387
34.0	35.0	34.5	▼3.0	2	6324	◁8400▷	372	376	377	▲23.0	1	54

行情表（7-13）

4月17日補空

| 買權 | | | | | | | | 賣權 | | | | | | |
買價	賣價	成交價	漲跌	單量	總量			買價	賣價	成交價	漲跌	單量	總量
						2012/05							
373	377	370	▼78.0	1	60	◁7300▷	55	57	56	▲13.0	10	5230
295	298	297	▼66.0	3	164	◁7400▷	77	78	77	▲16.0	1	3835
225	227	224	▼63.0	1	273	◁7500▷	106	107	109	▲26.0	1	5086
163	165	165	▼55.0	6	1277	◁7600▷	144	146	144	▲30.0	2	3893
112	114	113	▼46.0	1	3428	◁7700▷	192	193	196	▲42.0	1	2479
73	74	73	▼38.0	3	6314	◁7800▷	253	256	255	▲52.0	5	646
44.5	45.0	45.0	▼25.0	1	6512	◁7900▷	324	328	326	▲58.0	1	231
25.5	26.5	25.5	▼18.0	1	6226	◁8000▷	405	409	410	▲71.0	1	155
14.5	15.0	15.0	▼10.5	5	5039	◁8100▷	493	497	489	▲71.0	4	56
8.1	8.3	8.3	▼5.2	15	3297	◁8200▷	585	595	590	▲85.0	1	5

行情表（7-14）

指數由「漲」進入「盤」做空選擇權（買進賣權）

行情表（7-15）是3月20日指數跌破上升45度線，選擇在3月23日做空選擇權買方（買進賣權）。當時權利金是168點，4月17日（結算前一天）平倉，如行情表（7-16）所示權利金是489點，獲利321點約1.9倍。

3月23日跌破45度線做空

買權							賣權					
買價	賣價	成交價	漲跌	單量	總量		買價	賣價	成交價	漲跌	單量	總量
						2012/04						
575	585	575	▼ 20.0	2	70	◀ 7500 ▶	20.0	20.5	20.0	▲ 2.0	3	2983
487	491	488	▼ 22.0	1	48	◀ 7600 ▶	29.5	30.0	29.5	▲ 2.5	4	3158
401	405	401	▼ 19.0	1	77	◀ 7700 ▶	42.5	43.5	43.0	▲ 4.5	10	4493
321	324	326	▼ 12.0	20	193	◀ 7800 ▶	62	63	62	▲ 5.0	2	9281
248	250	248	▼ 15.0	1	492	◀ 7900 ▶	88	89	89	▲ 9.0	1	5773
183	184	184	▼ 11.0	1	1651	◀ 8000 ▶	123	124	123	▲ 11.0	2	5019
129	130	128	▼ 10.0	1	4941	◀ 8100 ▶	168	170	168	▲ 11.0	1	1457
86	88	87	▼ 7.0	5	8374	◀ 8200 ▶	225	228	227	▲ 17.0	2	447
56	57	56	▼ 4.0	18	10469	◀ 8300 ▶	294	297	294	▲ 17.0	2	387
34.0	35.0	34.5	▼ 3.0	2	6324	◀ 8400 ▶	372	376	377	▲ 23.0	1	54

行情表（7-15）

4月17日補空

買權							賣權					
買價	賣價	成交價	漲跌	單量	總量		買價	賣價	成交價	漲跌	單量	總量
						2012/05						
373	377	370	▼ 78.0	1	60	◀ 7300 ▶	55	57	56	▲ 13.0	10	5230
295	298	297	▼ 66.0	3	164	◀ 7400 ▶	77	78	77	▲ 16.0	1	3835
225	227	224	▼ 63.0	1	273	◀ 7500 ▶	106	107	109	▲ 26.0	1	5086
163	165	165	▼ 55.0	6	1277	◀ 7600 ▶	144	146	144	▲ 30.0	2	3893
112	114	113	▼ 46.0	1	3428	◀ 7700 ▶	192	193	196	▲ 42.0	1	2479
73	74	73	▼ 38.0	3	6314	◀ 7800 ▶	253	256	255	▲ 52.0	5	646
44.5	45.0	45.0	▼ 25.0	1	6512	◀ 7900 ▶	324	328	326	▲ 58.0	1	231
25.5	26.5	25.5	▼ 18.0	1	6226	◀ 8000 ▶	405	409	410	▲ 71.0	1	155
14.5	15.0	15.0	▼ 10.5	5	5039	◀ 8100 ▶	493	497	489	▲ 71.0	4	56
8.1	8.3	8.3	▼ 5.2	15	3297	◀ 8200 ▶	585	595	590	▲ 85.0	1	5

行情表（7-16）

◉因指數在結算前出現大跌，因此操作買方獲利大於賣方。

7-6　指數由「盤」進入「跌」再進入「盤」操作選擇權要領與績效

　　前面幾個例子都是以結算日再計算獲利點數，其實未到結算日只要有獲利或趨勢改變皆可先行獲利出場。因為當趨勢（漲、跌、盤）產生轉折時，若不獲利出場，等到結算日再出場可能就會產生虧損。

　　圖（7-5）就是在101年4月17日跌破缺口精緻畫上升45度線，指數由「盤」改變成「跌」。在5月2日突破45度線指數由「跌」改變成「盤」，此時4月17日的空單可在5月2日補空。雖然未到結算日（5月16日）也應先補空，以避免指數若由「盤」改變成「漲」，萬一指數若突破前波高點7766，那麼原來有賺就會變成虧損了。

　　當然在結算日指數若未突破7766，我們還是會賺。但是既然指數由「盤」進入「漲」就隨時有機會創新高。因此我們建議寧可錯賣，不可錯買。

　　在《期權賺很大》書中我們也時常建議新手操作期貨、選擇權的時候要記住這句忠言：「要注意成功的次數，不要在意獲利的點數。」若能不斷提高成功的次數，雖然賺的點數不多，但積小利可成大利。但做失敗的部分一定要守紀律執行停損，否則賺少賠多還是虧錢，這一點務必記住。

指數由「盤」進入「跌」再進入「盤」操作選擇權實例

從圖（7-5）可看出指數在101年4月17日長黑跌破缺口精緻畫法的上升45度線，且填補缺口。研判指數可能會由「盤」改變成「跌」。指數短時間之內不會突破7766的高點。

做空選擇權賣方

因此在7700的履約價出手做空賣方（賣出買權），當時7700履約價買權的權利金是113點，直到101年5月2日長紅突破45度線指數由「跌」進入「盤」，雖未到結算日（5月16日）亦可先補空。當時買權的權利金是51點，可獲利（113點 - 51點）＝62點，獲利約54％。可參閱選擇權行情表行情表（7-17）與（7-18）

做空選擇權買方

若4月17日同樣做空而是操作選擇權買方（買進賣權），當時4月17日履約價7700賣權的權利金是196點，到了5月2日長紅突破45度線時補空，當時的權利金156點，虧損40點。（156點 - 196點）＝ -40點。可參閱選擇權行情表（7-19）與（7-20）。

為何做對方向仍會虧損？因為此波下跌不深操作買方不賺反賠。因此我們還是建議操作賣方的成功率較高，除非您有能力判斷指數會大漲、大跌再操作買方。

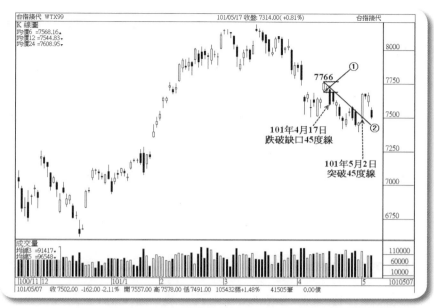

圖（7-5）

上圖是期指日線圖。

一、如圖所示101年4月17日指數長黑跌破缺口上升45度
　　線由「盤」進入「跌」如圖中①所示。

二、研判指數在短時間之內不會突破7766的高點，因此
　　在7700的履約價做空（賣出買權）。

三、在101年5月2日長紅突破下降45度線。如圖中②所
　　示，補空獲利54％。

指數由「盤」進入「跌」再進入「盤」操作選擇權實例

行情表（7-17）是4月17日指數跌破缺口上升45度線在履約價7700做空選擇權賣方（賣出買權），當時權利金是113點。5月2日指數突破下降45度線補空，如行情表（7-18）所示權利金是51點，獲利62點。

4月17日跌破45度線做空

買權							賣權					
買價	賣價	成交價	漲跌	單量	總量		買價	賣價	成交價	漲跌	單量	總量
						2012/05						
373	377	370	▼ 78.0	1	60	7300	55	57	56	▲ 13.0	10	5230
295	298	297	▼ 66.0	3	164	7400	77	78	77	▲ 16.0	1	3835
225	227	224	▼ 63.0	1	273	7500	106	107	109	▲ 26.0	1	5086
163	165	165	▼ 55.0	6	1277	7600	144	146	144	▲ 30.0	2	3893
112	114	113	▼ 46.0	1	3428	7700	192	193	196	▲ 42.0	1	2479
73	74	73	▼ 38.0	3	6314	7800	253	256	255	▲ 52.0	5	646
44.5	45.0	45.0	▼ 25.0	1	6512	7900	324	328	326	▲ 58.0	1	231
25.5	26.5	25.5	▼ 18.0	1	6226	8000	405	409	410	▲ 71.0	1	155
14.5	15.0	15.0	▼ 10.5	5	5039	8100	493	497	489	▲ 71.0	4	56
8.1	8.3	8.3	▼ 5.2	15	3297	8200	585	595	590	▲ 85.0	1	5

行情表（7-17）

5月2日突破45度線補空

買權							賣權					
買價	賣價	成交價	漲跌	單量	總量		買價	賣價	成交價	漲跌	單量	總量
						2012/05						
402	408	406	▲ 113.0	1	223	7200	11.0	11.5	11.5	▼ 16.0	2	16526
315	318	316	▲ 104.0	1	1459	7300	19.0	20.0	19.5	▼ 27.5	2	16497
229	232	232	▲ 91.0	2	5402	7400	33.5	34.0	34.0	▼ 43.0	24	20840
155	156	156	▲ 71.0	1	15071	7500	58	59	59	▼ 62.0	7	18021
94	95	94	▲ 47.0	2	26871	7600	97	98	98	▼ 82.0	2	9950
51	52	51	▲ 29.0	1	28236	7700	154	156	156	▼ 102.0	20	2660
25.0	25.5	25.0	▲ 14.5	18	20477	7800	228	230	228	▼ 118.0	1	1000
11.0	11.5	11.5	▲ 5.9	1	9281	7900	315	316	316	▼ 122.0	4	306
4.9	5.0	5.0	▲ 2.1	1	3306	8000	403	414	412	▼ 128.0	1	56
2.5	2.6	2.5	▲ 1.1	1	855	8100	500	510	510	▼ 85.0	1	53

行情表（7-18）

指數由「盤」進入「跌」再進入「盤」操作選擇權實例

　　行情表（7-19）是4月17日指數跌破缺口上升45度線在履約價7700做空選擇權買方（買進賣權），當時權利金是196點。5月2日指數突破下降45度線補空如行情表（7-20）所示，權利金是156點，虧損40點。

4月17日跌破45度線做空

買權								賣權					
買價	賣價	成交價	漲跌	單量	總量			買價	賣價	成交價	漲跌	單量	總量
						2012/05							
373	377	370	▼ 78.0	1	60	◄ 7300 ►		55	57	56	▲ 13.0	10	5230
295	298	297	▼ 66.0	3	164	◄ 7400 ►		77	78	77	▲ 16.0	1	3835
225	227	224	▼ 63.0	1	273	◄ 7500 ►		106	107	109	▲ 26.0	1	5086
163	165	165	▼ 55.0	6	1277	◄ 7600 ►		144	146	144	▲ 30.0	2	3893
112	114	113	▼ 46.0	1	3428	◄ 7700 ►		192	193	196	▲ 42.0	1	2479
73	74	73	▼ 38.0	3	6314	◄ 7800 ►		253	256	255	▲ 52.0	5	646
44.5	45.0	45.0	▼ 25.0	1	6512	◄ 7900 ►		324	328	326	▲ 58.0	1	231
25.5	26.5	25.5	▼ 18.0	1	6226	◄ 8000 ►		405	409	410	▲ 71.0	1	155
14.5	15.0	15.0	▼ 10.5	5	5039	◄ 8100 ►		493	497	489	▲ 71.0	4	56
8.1	8.3	8.3	▼ 5.2	15	3297	◄ 8200 ►		585	595	590	▲ 85.0	1	5

行情表（7-19）

5月2日突破45度線補空

買權								賣權					
買價	賣價	成交價	漲跌	單量	總量			買價	賣價	成交價	漲跌	單量	總量
						2012/05							
402	408	406	▲ 113.0	1	223	◄ 7200 ►		11.0	11.5	11.5	▼ 16.0	2	16526
315	318	316	▲ 104.0	1	1459	◄ 7300 ►		19.0	20.0	19.5	▼ 27.5	2	16497
229	232	232	▲ 91.0	2	5402	◄ 7400 ►		33.5	34.0	34.0	▼ 43.0	24	20840
155	156	156	▲ 71.0	1	15071	◄ 7500 ►		58	59	59	▼ 62.0	7	18021
94	95	94	▲ 47.0	2	26871	◄ 7600 ►		97	98	98	▼ 82.0	2	9950
51	52	51	▲ 29.0	1	28236	◄ 7700 ►		154	156	156	▼ 102.0	20	2660
25.0	25.5	25.0	▲ 14.5	18	20477	◄ 7800 ►		228	230	228	▼ 118.0	1	1000
11.0	11.5	11.5	▲ 5.9	1	9281	◄ 7900 ►		315	316	316	▼ 122.0	4	306
4.9	5.0	5.0	▲ 2.1	1	3306	◄ 8000 ►		403	414	412	▼ 128.0	1	56
2.5	2.6	2.5	▲ 1.1	1	855	◄ 8100 ►		500	510	510	▼ 85.0	1	53

行情表（7-20）

7 - 7　指數由「跌」進入「盤」再進入「漲」操作選擇權要領與績效

指數由「跌」進入「盤」再進入「漲」操作選擇權實例

　　從圖（7-6）可看出指數在101年5月2日突破下降45度線，且突破前波高點7585。研判指數可能會由跌改變成漲。不過此波漲勢只維持三天，在5月7日就跌破上升45度線如圖中②所示，缺口精緻畫法的上升45度線。屆時可停損多單反手做空。

做多選擇權賣方

　　雖然漲勢僅維持三天我們還是將做多的虧損計算出來。若在5月2日突破下降45度線時，在履約價7500做多賣方（賣出賣權），當時7500賣權的權利金是59點，可參閱行情表（7-21）。在5月7日如圖（7-6）所示跌破上升45度線時，隔天5月8日停損退出。當時賣權的權利金是67點，可參閱行情表（7-22）。虧損（59點 - 67點）=-8點。

做多選擇權買方

　　若在5月2日同樣做多，而是做在買方（買進買權）當時履約價7500的買權權利金是156點，可參閱行情表（7-23）。在5月8日跌破上升45度線時停損退出。當時買權的權利金是84點，可參閱行情表（7-24），虧損（84點 - 156點）= -72點。

　　我們說過技術分析不可能百分之百，我們自101年2月統計至今只要做在賣方幾乎都賺，僅這一次虧損8點。

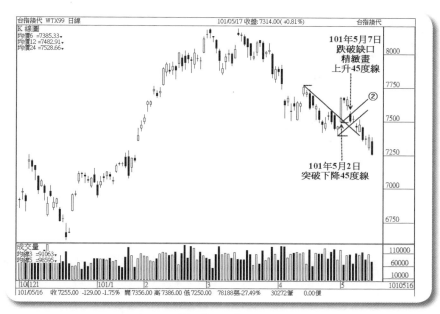

圖（7-6）

上圖是期指日線圖。

一、如圖所示101年5月2日指數長紅突破下降45度線，
　　由跌進入盤再進入漲。

二、研判短時間指數不會跌破7500，可惜三天後指數跌
　　破上升45度線，如圖中②所示。

三、在5月2日突破下降45度線時做多，但是三天後在5
　　月7日跌破上升45度線停損，小賠退出。

指數由「跌」進入「盤」再進入「漲」操作選擇權實例

行情表（7-21）是5月2日指數突破45度線在履約價7500做多選擇權賣方（賣出賣權），當時權利金59點。5月7日跌破上升45度線隔天5月8日停損退出，如行情表（7-22）所示權利金是67點，虧損8點。

5月2日突破45度線做多

賣權							賣權					
買價	賣價	成交價	漲跌	單量	總量		買價	賣價	成交價	漲跌	單量	總量
						2012/05						
402	408	406	▲ 113.0	1	223	◀ 7200 ▶	11.0	11.5	11.5	▼ 16.0	2	16526
315	318	316	▲ 104.0	1	1459	◀ 7300 ▶	19.0	20.0	19.5	▼ 27.5	2	16497
229	232	232	▲ 91.0	2	5402	◀ 7400 ▶	33.5	34.0	34.0	▼ 43.0	24	20840
155	156	156	▲ 71.0	1	15071	◀ 7500 ▶	58	59	59	▼ 62.0	7	18021
94	95	94	▲ 47.0	2	26871	◀ 7600 ▶	97	98	98	▼ 82.0	2	9950
51	52	51	▲ 29.0	1	28236	◀ 7700 ▶	154	156	156	▼ 102.0	20	2660
25.0	25.5	25.0	▲ 14.5	18	20477	◀ 7800 ▶	228	230	228	▼ 118.0	1	1000
11.0	11.5	11.5	▲ 5.9	1	9281	◀ 7900 ▶	315	316	316	▼ 122.0	4	306
4.9	5.0	5.0	▲ 2.1	1	3306	◀ 8000 ▶	403	414	412	▼ 128.0	1	56
2.5	2.6	2.5	▲ 1.1	1	855	◀ 8100 ▶	500	510	510	▼ 85.0	1	53

行情表（7-21）

5月8日跌破45度線停損

賣權							賣權					
買價	賣價	成交價	漲跌	單量	總量		買價	賣價	成交價	漲跌	單量	總量
						2012/05						
510	525	515	▲ 5.0	3	78	◀ 7000 ▶	2.6	2.8	2.8	▼ 2.8	5	1422
416	423	424	▲ 14.0	1	33	◀ 7100 ▶	4.4	4.5	4.4	▼ 4.6	15	3484
323	327	324	▲ 4.0	1	97	◀ 7200 ▶	8.2	8.4	8.3	▼ 7.7	11	12216
233	236	236	▲ 8.0	1	806	◀ 7300 ▶	16.0	16.5	16.5	▼ 10.0	6	18189
151	153	151	▲ 2.0	1	3299	◀ 7400 ▶	33.5	34.0	33.5	▼ 15.0	20	25306
84	85	84	▼ 1.0	1	19906	◀ 7500 ▶	66	67	67	▼ 18.0	3	22689
39.0	39.5	39.0	▼ 1.5	1	34316	◀ 7600 ▶	121	122	121	▼ 20.0	3	12204
15.0	15.5	15.0	▼ 1.0	1	30283	◀ 7700 ▶	196	198	197	▼ 19.0	1	2371
5.6	5.8	5.6	▼ 0.9	20	15142	◀ 7800 ▶	286	288	288	▼ 18.0	1	499
2.7	2.8	2.7	▼ 0.3	1	5502	◀ 7900 ▶	382	385	388	▼ 10.0	1	266

行情表（7-22）

指數由「跌」進入「盤」再進入「漲」操作選擇權實例

　　行情表（7-23）是5月2日突破下降45度線在履約價7500做多選擇權買方（買進買權），當時權利金是156點。5月7日跌破上升45度線隔天5月8日停損退出，如行情表（7-24）所示權利金是84點，虧損72點。

5月2日突破45度線做多

買權							賣權					
買價	賣價	成交價	漲跌	單量	總量		買價	賣價	成交價	漲跌	單量	總量
						2012/05						
402	408	406	▲ 113.0	1	223	◀ 7200 ▶	11.0	11.5	11.5	▼ 16.0	2	16526
315	318	316	▲ 104.0	1	1459	◀ 7300 ▶	19.0	20.0	19.5	▼ 27.5	2	16497
229	232	232	▲ 91.0	2	5402	◀ 7400 ▶	33.5	34.0	34.0	▼ 43.0	24	20840
155	156	(156)	▲ 71.0	1	15071	◀ 7500 ▶	58	59	59	▼ 62.0	7	18021
94	95	94	▲ 47.0	2	26871	◀ 7600 ▶	97	98	98	▼ 82.0	2	9950
51	52	51	▲ 29.0	1	28236	◀ 7700 ▶	154	156	156	▼ 102.0	20	2660
25.0	25.5	25.0	▲ 14.5	18	20477	◀ 7800 ▶	228	230	228	▼ 118.0	1	1000
11.0	11.5	11.5	▲ 5.9	1	9281	◀ 7900 ▶	315	316	316	▼ 122.0	4	306
4.9	5.0	5.0	▲ 2.1	1	3306	◀ 8000 ▶	403	414	412	▼ 128.0	1	56
2.5	2.6	2.5	▲ 1.1	1	855	◀ 8100 ▶	500	510	510	▼ 85.0	1	53

行情表（7-23）

5月8日跌破45度線停損

買權							賣權					
買價	賣價	成交價	漲跌	單量	總量		買價	賣價	成交價	漲跌	單量	總量
						2012/05						
510	525	515	▲ 5.0	3	78	◀ 7000 ▶	2.6	2.8	2.8	▼ 2.8	5	1422
416	423	424	▲ 14.0	1	33	◀ 7100 ▶	4.4	4.5	4.4	▼ 4.6	15	3484
323	327	324	▲ 4.0	1	97	◀ 7200 ▶	8.2	8.4	8.3	▼ 7.7	11	12216
233	236	236	▲ 8.0	1	806	◀ 7300 ▶	16.0	16.5	16.5	▼ 10.0	6	18189
151	153	151	▲ 2.0	1	3299	◀ 7400 ▶	33.5	34.0	33.5	▼ 15.0	20	25306
84	85	(84)	▼ 1.0	1	19906	◀ 7500 ▶	66	67	67	▼ 18.0	3	22689
39.0	39.5	39.0	▼ 1.5	1	34316	◀ 7600 ▶	121	122	121	▼ 20.0	3	12204
15.0	15.5	15.0	▼ 1.0	1	30283	◀ 7700 ▶	196	198	197	▼ 19.0	1	2371
5.6	5.8	5.6	▼ 0.9	20	15142	◀ 7800 ▶	286	288	288	▼ 18.0	1	499
2.7	2.8	2.7	▼ 0.3	1	5502	◀ 7900 ▶	382	385	388	▼ 10.0	1	266

行情表（7-24）

7-8 指數由「漲」進入「盤」再進入「跌」操作選擇權要領與績效

指數由「漲」進入「盤」再進入「跌」操作選擇權實例

從圖（7-7）可看出指數在5月7日跌破缺口精緻畫法的上升45度線，如圖中②所示。研判指數由漲改變成盤或跌。指數在短時間內不會突破7685的高點，可在7500或7600的履約價做空。

做空選擇權賣方

因此我們在5月8日選擇權在7500的履約價做空賣方（賣出買權），當時7500履約價買權的權利金是84點，可參閱行情表（7-25）。因5月16日是結算日，因此我們在結算日的前一天5月15日利用早盤急跌時補空。當時7500履約價買權的權利金是1.6點，可參閱行情表（7-26）。獲利（84點 - 1.6點）= 82.4點，獲利99％。

做空選擇權買方

若在5月8日選擇在7500履約價做空買方（買進賣權），當時7500履約價賣權的權利金是67點，可參閱行情表（7-27）。因5月16日是結算日，因此我們在結算日的前一天5月15日利用早盤急跌時補空。當時7500履約價賣權的權利金是191點，可參閱行情表（7-28）。獲利（191點 - 67點）= 124點，獲利1.85倍。

◉為何此次買方獲利大於賣方？主因是指數大跌操作買方獲利較大。

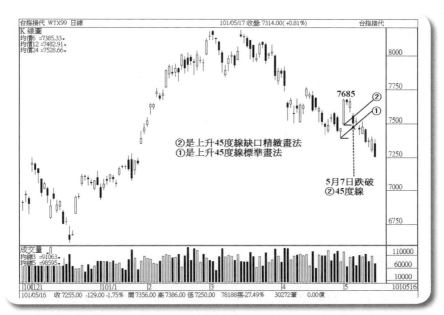

圖（7-7）

上圖是期指日線圖。

一、如圖中②所示，101年5月7日跌破缺口精緻畫的45
　　度線。

二、研判指數在短時間之內不會創前波高點7685，因此
　　選擇在7500履約價做空（賣出買權）。

三、在結算日5月16日的前一天5月15日補空。賣方（賣
　　出買權）獲利82.4點，買方（買進賣權）獲利124
　　點。

指數由「漲」進入「盤」再進入「跌」操作選擇權實例

行情表（7-25）是5月7日指數跌破上升45度線，與5月8日在履約價7500做空選擇權賣方（賣出買權），當時的權利金是84點。在5月15日結算日前一天補空如行情表（7-26）所示，當時的權利金是1.6點，獲利82.4點。

5月8日跌破45度線做空

買權買價	賣價	成交價		漲跌	單量	總量			賣權買價	賣價	成交價		漲跌	單量	總量
							2012/05								
510	525	515	▲	5.0	3	78	◄ 7000 ►		2.6	2.8	2.8	▼	2.8	5	1422
416	423	424	▲	14.0	1	33	◄ 7100 ►		4.4	4.5	4.4	▼	4.6	15	3484
323	327	324	▲	4.0	1	97	◄ 7200 ►		8.2	8.4	8.3	▼	7.7	11	12216
233	236	236	▲	8.0	1	806	◄ 7300 ►		16.0	16.5	16.5	▼	10.0	6	18189
151	153	151	▲	2.0	1	3299	◄ 7400 ►		33.5	34.0	33.5	▼	15.0	20	25306
84	85	(84)	▼	1.0	1	19906	◄ 7500 ►		66	67	67	▼	18.0	3	22689
39.0	39.5	39.0	▼	1.5	1	34316	◄ 7600 ►		121	122	121	▼	20.0	3	12204
15.0	15.5	15.0	▼	1.0	1	30283	◄ 7700 ►		196	198	197	▼	19.0	1	2371
5.6	5.8	5.6	▼	0.9	20	15142	◄ 7800 ►		286	288	288	▼	18.0	1	499
2.7	2.8	2.7	▼	0.3	1	5502	◄ 7900 ►		382	385	388	▼	10.0	1	266

行情表（7-25）

5月15日結算日前一天補空

買權買價	賣價	成交價		漲跌	單量	總量			賣權買價	賣價	成交價		漲跌	單量	總量
							2012/05								
213	215	215	▼	56.0	1	58	◄ 7100 ►		3.3	3.5	3.5	▲	1.0	2	1688
120	121	121	▼	54.0	2	841	◄ 7200 ►		10.5	11.0	10.5	▲	4.3	5	7631
46.0	47.0	46.5	▼	42.5	14	7412	◄ 7300 ►		36.0	36.5	36.5	▲	18.0	5	11563
9.8	10.0	9.8	▼	19.2	2	10599	◄ 7400 ►		99	100	100	▲	40.0	1	6310
1.5	1.6	(1.6)	▼	5.3	3	4285	◄ 7500 ►		190	192	191	▲	55.0	1	1203
0.8	1.0	0.9	▼	1.5	1	1071	◄ 7600 ►		288	292	291	▲	57.0	1	183
0.5	0.6	0.6	▼	0.9	1	887	◄ 7700 ►		389	393	387	▲	53.0	3	25
0.5	0.6	0.5	▼	0.3	1	518	◄ 7800 ►		486	493	490	▲	58.0	1	4
0.2	0.5	0.4	▼	0.3	2	31	◄ 7900 ►		580	595	585	▲	60.0	6	13
0.2	0.4	0.4	▼	0.2	100	237	◄ 8000 ►		685	690	690	▲	65.0	1	294

行情表（7-26）

指數由「漲」進入「盤」再進入「跌」操作選擇權實例

行情表（7-27）是5月7日指數跌破上升45度線，與5月8日在履約價7500做空選擇權買方（買進賣權），當時的權利金是67點。在5月15日結算日前一天補空如行情表（7-28）所示，當時的權利金是191點，獲利124點。

5月8日跌破45度線做空

買權							賣權					
買價	賣價	成交價	漲跌		單量	總量		買價	賣價	成交價	漲跌	單量	總量
							2012/05						
510	525	515	▲	5.0	3	78	◀ 7000 ▶	2.6	2.8	2.8	▼ 2.8	5	1422
416	423	424	▲	14.0	1	33	◀ 7100 ▶	4.4	4.5	4.4	▼ 4.6	15	3484
323	327	324	▲	4.0	1	97	◀ 7200 ▶	8.2	8.4	8.3	▼ 7.7	11	12216
233	236	236	▲	8.0	1	806	◀ 7300 ▶	16.0	16.5	16.5	▼ 10.0	6	18189
151	153	151	▲	2.0	1	3299	◀ 7400 ▶	33.5	34.0	33.5	▼ 15.0	20	25306
84	85	84	▼	1.0	1	19906	◀ 7500 ▶	66	67	67	▼ 18.0	3	22689
39.0	39.5	39.0	▼	1.5	1	34316	◀ 7600 ▶	121	122	121	▼ 20.0	3	12204
15.0	15.5	15.0	▼	1.0	1	30283	◀ 7700 ▶	196	198	197	▼ 19.0	1	2371
5.6	5.8	5.6	▼	0.9	20	15142	◀ 7800 ▶	286	288	288	▼ 18.0	1	499
2.7	2.8	2.7	▼	0.3	1	5502	◀ 7900 ▶	382	385	388	▼ 10.0	1	266

行情表（7-27）

5月15日結算日前一天補空

買權							賣權					
買價	賣價	成交價	漲跌		單量	總量		買價	賣價	成交價	漲跌	單量	總量
							2012/05						
213	215	215	▼	56.0	1	58	◀ 7100 ▶	3.3	3.5	3.5	▲ 1.0	2	1688
120	121	121	▼	54.0	2	841	◀ 7200 ▶	10.5	11.0	10.5	▲ 4.3	5	7631
46.0	47.0	46.5	▼	42.5	14	7412	◀ 7300 ▶	36.0	36.5	36.5	▲ 18.0	5	11563
9.8	10.0	9.8	▼	19.2	2	10599	◀ 7400 ▶	99	100	100	▲ 40.0	1	6310
1.5	1.6	1.6	▼	5.3	3	4285	◀ 7500 ▶	190	192	191	▲ 55.0	1	1203
0.8	1.0	0.9	▼	1.5	1	1071	◀ 7600 ▶	288	292	291	▲ 57.0	1	183
0.5	0.6	0.6	▼	0.9	1	887	◀ 7700 ▶	389	393	387	▲ 53.0	3	25
0.5	0.6	0.5	▼	0.5	1	518	◀ 7800 ▶	486	493	490	▲ 58.0	1	4
0.2	0.5	0.4	▼	0.3	2	31	◀ 7900 ▶	580	595	585	▲ 60.0	6	13
0.2	0.4	0.4	▼	0.2	100	237	◀ 8000 ▶	685	690	690	▲ 65.0	1	294

行情表（7-28）

7-9 統計三個月45度線操作選擇權績效表

在第七章中我們利用45度線的轉折點操作選擇權。從101年2月份至5月份大約是3個月的時間，這期間只要指數由「漲」改變成「盤」，或由「跌」改變成「盤」。我們就出手操作選擇權，您會發現成功率非常高績效也不錯。

若以成功的比率來看操作賣方的成功率遠大於買方，因此我們得到一個結論。操作選擇權應以賣方為主，買方為輔。先前已說過賣方雖然獲利有限、風險無限，但成功率較高。買方雖然有獲利無限、風險有限的優勢，但成功率低。因此時常聽到投資人吃「龜苓膏」，意思是到結算日權利金歸零。

我們將這3個月操作選擇權的績效做個統計表如後，讀者可看出賣方獲利的機率較高。當然若遇到指數大漲、大跌則買方獲利的點數較高。可是一般投資人很難判斷指數大漲或大跌，因此筆者才會在《期權賺很大》書中設定四個可能大漲、大跌的條件值得參考。無論如何操作選擇權首重方向，無論是操作買方或賣方，若發現做錯方向應執行停損或採自救策略保平安。

統計三個月操作賣方績效表

跌破45度線做空賣方（賣出買權）績效表

跌破 45度線 （日期）	做空 履約價	買權 權利金	平倉 日期	平倉 權利金	獲利 點數	參閱 行情表
101年3月 5日	8100	114	3月21 日	0.4	113.6	（7-5） （7-6）
101年3月 23日	8100 （4月份）	128 （4月份）	4月17日	15 （4月份）	113	（7-13） （7-14）
101年4月 17日	7700	113	5月2日	51	62	（7-17） （7-18）
101年5月 8日	7500	84	5月15 日	1.6	82.4	（7-25） （7-26）
合計					371	

●圖表中空白部分讀者可自行利用45度線轉折時，將操作選擇權的績效填入空白欄位，追蹤45度線的可信度。

統計三個月操作買方績效表

跌破45度線做空買方（買進賣權）績效表

跌破45度線（日期）	做空履約價	賣權權利金	平倉日期	平倉權利金	獲利點數	參閱行情表
101年3月5日	8100	137	3月21日	134	-3	（7-7）（7-8）
101年3月23日	8100（4月份）	168（4月份）	4月17日	489（4月份）	321	（7-15）（7-16）
101年4月17日	7700	196	5月2日	156	-40	（7-19）（7-20）
101年5月8日	7500	67	5月15日	191	124	（7-27）（7-28）
合計					402	

●圖表中空白部分讀者可自行利用45度線轉折時，將操作選擇權的績效填入空白欄位，追蹤45度線的可信度。

統計三個月操作賣方績效表

突破45度線做多賣方（賣出賣權）績效表

突破 45度線 （日期）	做多 履約價	賣權 權利金	平倉 日期	平倉 權利金	獲利 點數	參閱 行情表
101年元 月30日	7400	96	2月14 日	54	42	（7-1） （7-2）
101年3 月13日	7800	28	3月21 日	0.3	27.7	（7-9） （7-10）
101年5 月2日	7500	59	5月8日	67	-8	（7-21） （7-22）
合計					61.7	

◉圖表中空白部分讀者可自行利用45度線轉折時，將操作選擇權的績效填入空白欄位，追蹤45度線的可信度。

統計三個月操作買方績效表

突破45度線做多買方（買進買權）績效表

突破45度線（日期）	做多履約價	買權權利金	平倉日期	平倉權利金	獲利點數	參閱行情表
101年元月30日	7400	132	2月14日	477	345	（7-3）（7-4）
101年3月13日	7800	238	3月21日	171	-67	（7-11）（7-12）
101年5月2日	7500	156	5月8日	84	-72	（7-23）（7-24）
合計					206	

◉圖表中空白部分讀者可自行利用45度線轉折時，將操作選擇權的績效填入空白欄位，追蹤45度線的可信度。

第 八 章
費波納西數列與黃金切割率

8 - 1　費波納西數列

在《K線實戰秘笈》書中提到操作股票的SOP（標準作業程序），其中有一項是預測支撐與壓力。預測支撐與壓力有三個重要的原則：看、算、畫。

一、看：是指看移動平均線預測支撐與壓力。可從日線、週線、月線的移動平均線去看出支撐與壓力。

二、算：是算黃金切割率。從日線、週線、月線去算出黃金切割率的支撐與壓力。

三、畫：利用畫線技巧。如趨勢線、頸線、軌道線、45度線等。從日線、週線、月線去畫出支撐與壓力。

筆者先前的幾本著作大部分是談到移動平均線與畫線技巧，唯獨黃金切割率沒有談到。因此利用本書談一談如何利用黃金切割率算出指數的支撐與壓力。

凡是人皆有好奇的心理，因此當股價在上漲時，皆會預測猜想會漲到哪裡？相反的當股價在下跌時，也會預測猜想會跌到哪裡？筆者認為預測只是參考而已，不一定會準。實務的操作上應以股價的漲、跌、盤三種趨勢變化，利用其轉折點作為進出的依據。

　　您會發現無論哪一位分析師只要預測大盤指數或股價的壓力支撐或漲跌幅，都不會脫離看、算、畫這三種方法。例如有的老師擅長「看」移動平均線，如月線、季線、年線…等支撐、壓力。有的老師擅長「畫」線尋找支撐、壓力。有的老師擅長「算」黃金切割率的支撐、壓力，各有所長。

　　本書的重點在黃金切割率，至於如何利用看線與畫線找支撐、壓力，可參考筆者著作的一系列書籍。在我們的訓練課程也會詳細的說明如何預測指數或股價的支撐與壓力。

　　筆者仍然要再次提醒各位投資朋友，預測壓力、支撐只是一種參考值。在實務的操作上仍然要以「股市三寶」所判定出漲、跌、盤的轉折點做為我們進出的依據。

　　讀者可回想在電視台解盤的分析師或您參加演講會的主講者，他們所預測的每一波低點（支撐）或高點（壓力）都會準嗎？相信答案是否定的。也許會有一兩波是準的，但大都是不準的。因為影響股市的漲跌除了技術面之外，也有基本面與消息面。例如筆者在撰寫本書時適逢財政部宣布課徵證所稅的利空消息，也巧遇法國總統大選變天沙克奇敗選。這些都是消息面對股市或股價所產生的衝擊，是無法事先預測的。

義大利偉大的數學家費波納西

　　要了解黃金切割率必須先認識十三世紀的一位偉大的數學家費波納西。他生於西元1170與1180之間，住在義大利的比薩。費波納西的父親是一位非常傑出的商人，費波納西從小跟隨父親在地中海進行多次的商務旅行。從小耳濡目染且對於數字有強烈的敏感性。後來出版了著名的一本《算學》向歐洲介紹了最偉大的數列，也就是十進位制。也是大家所熟悉的阿拉伯數字0、1、2、3、4、5、6、7、8、9。

　　從這些阿拉伯數字演化出的費波納西數列，被廣泛的應用於計算股市漲跌的時間波。與黃金切割率構成空間與時間的關係。進而推估指數與股價的上漲幅度與結束的時間點，或下跌幅度與結束的時間點。

　　最經典的當屬艾略特波浪理論。在艾略特波浪理論中特別引用費波納西數列做為計算漲幅與跌幅或整理的時間波。雖然不可能百分百精準，但確實有其參考價值。

　　下一頁我們就會提供費波納西數列的算法。讀者可自行計算出費波納西的數列，當指數或股價遇到此數列時再觀察是否轉折或變盤。

在費波納西的《算學》書中提到一系列的數字1、1、2、3、5、8、13、21、34、55、89、144……一直到無限大。這些數字的演算就是現在大家所稱的費波納西數列。而其演算的例子是以兔子每個月繁殖一對，經過一年後就會有144對的兔子。

在費波納西的數列中任何兩個相鄰的數字相加，等於數列中接下來的數字，如1加1等於2。1加2等於3。2加3等於5。3加5等於8。5加8等於13依此類推到無限大。

若以數學式表示：

$$1 + 1 = 2$$
$$1 + 2 = 3$$
$$2 + 3 = 5$$
$$3 + 5 = 8$$
$$5 + 8 = 13$$

$$8 + 13 = 21$$
$$13 + 21 = 34$$
$$21 + 34 = 55$$
$$34 + 55 = 89$$
$$55 + 89 = 144$$

您會發現取後面兩個數相加（虛線箭頭所指方向）所得出的數字就是費波納西數列。如其中的 1、2、3、5、8、13、21、34、55、89、144、233、377…。

黃金比例

　　在費波那西數列中的任何一個數字與其下一個數字的比例很接近0.618：1而與前一個數字的比例則接近1.618：1。越後面的數字其比例越接近Φ（phi），Φ=0.618034…。

　　而費波納西數列中任何兩個間隔的數字，比例接近0.382。而反比則接近於2.618，只有Φ這個數字才會發生這些數據，如1 ＋ 0.618 = 1 ÷ 0.618。因此0.618或1.618就是我們所稱的黃金比例。

　　黃金比例被廣泛應用在各行各業如建築、商品、圖像…等。在股市最經典的就是波浪理論，艾略特所著波浪理論用於測量股價的漲幅與跌幅皆參考費波納西數列。我們45度線的K線圖表其長寬比也以黃金比例1.618：1設定成黃金矩形（長方形）。

　　黃金比例可演化成0.095、0.191、0.236、0.382、0.5、0.618、0.764、0.809、0.905、1。而0.095＋0.905 = 1、0.236＋0.764 = 1、0.191＋0.809 = 1、0.382＋0.618 = 1、0.5＋0.5 = 1。其較常用到的是0.191、0.382、0.5、0.618、0.819，而準確率最高的是0.5與0.618。因此您會發現當股價回檔一半（0.5）或0.618支撐較強，反彈一半（0.5）或0.618壓力較大。

8-2　黃金切割率

　　黃金切割率可演化成0.191、0.382、0.5、0.618、0.809、1。在股市或股價反彈或回檔時，皆可用上述數字預測其支撐或壓力。筆者先畫簡圖給讀者參考，再舉實例說明。

由漲勢開始回檔的簡圖

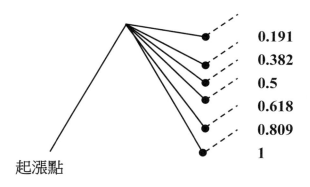

　　通常指數或股價回檔至0.191與0.809止跌的成功率較低。因此可直接算0.382或0.5或0.618最後回到起漲點。而成功率最高的是0.5。換言之當指數或股價回檔到0.5（二分之一）的位置支撐較強，較易止跌反彈。

　　黃金切割率可演化成0.191、0.382、0.5、0.618、0.809、1。在股市或股價反彈或回檔時，皆可用上述數字預測其支撐與壓力。筆者先畫簡圖給讀者參考，再舉實例說明。

由跌勢開始反彈的簡圖

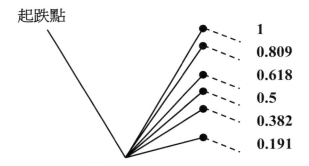

起跌點

1
0.809
0.618
0.5
0.382
0.191

　　通常指數或股價反彈至0.191與0.809遭逢壓力的成功率較低。因此可直接算0.382或0.5或0.618最後回到起跌點。而成功率最高的是0.5，換言之當指數或股價反彈到0.5（二分之一）的位置壓力較大，較易止漲回檔。

　　在第八章的第三節會討到時間與空間的預測方法，就會用到費波納西與黃金切割率。很多學員或投資朋友會問：看、算、畫這三種預測方法，哪一種比較準？筆者認為各有千秋，很難說哪一種比較準。

依據筆者的預測經驗會把看、算、畫三種皆預測出來，然後就這三種所預測出來的結果再以多數決，來決定我們預測的目標。

　　所謂「多數決」就是兩個比較接近的指數或股價做為我們預測的目標，例如：台積電

一、用看的（移動平均線）其壓力在80元，支撐在70元。

二、用算的（黃金切割率）其壓力在85元，支撐在73元。

三、用畫的（畫線技巧）其壓力在86元，支撐在71元。

　　從以上的數據看出85元與86元兩個比較接近可視為壓力，而70元與71元兩個比較接近可視為支撐。

　　如果能預測的很準當然是恭喜您，如果預測的不準也沒有關係。因為實務的操作上不是靠我們所預測的價位進出。而是靠漲跌盤的轉折點與其他重要的指標作為買賣的依據。

　　筆者舉大盤的實例做說明如圖（8-1）是大盤日線圖。

　　在民國101年4月份財政部宣布課證所稅，台股開始自8170開始回檔。若以看、算、畫三種預測方法如下：

一、用看的（移動平均線）如圖中①所示

　　指數自100年12月19日的6609漲到101年3月2日的8170，開始回檔。此時日線的多空線20日線撐不住，就看週線的多空線26週線（半年線）在7500。因此用看的就暫定7500為支撐點。

二、用算的（黃金切割率）如圖中3所示

　　指數自6609漲到8170回檔0.382撐不住，就看回檔0.5的位置7389。因此用算的就暫定7389為支撐點。

三、用畫的（畫軌道線或趨勢線、頸線）如圖中②所示

　　若101年1月30日的缺口上限作為頸線支撐點指數在7382，因此用畫的就暫定在7382。

●三種預測方法採取多數決（多數相近的指數）如7389與7382為準。後來大盤指數在7422，期貨指數在7385止跌反彈到7704，因成交量不足再續跌。

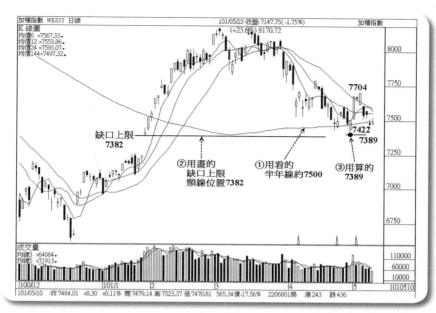

圖（8-1）

上圖是大盤日線圖。

一、用看的（移動平均線）預測支撐約7500。

二、用算的（黃金切割率）預測支撐7389。

三、用畫的（畫缺口上限）預測支撐7382。

四、採多數決兩個較接近的指數7382～7389。後來指數
　　跌到7422止跌反彈到7704，因量價關係不佳再續
　　跌。

利用黃金切割率預測回檔的支撐

本書預測支撐與壓力的重點在黃金切割率,至於用看的(移動平均線)、用畫的(頸線、趨勢線、軌道線、X線等)在筆者著作的《10倍數操盤法》或《股市三寶》都可擷取其精華自行體會預測支撐與壓力的訣竅。

以台股加權指數月線圖算回檔支撐點

如圖(8-2)是台股指數月線圖。圖中所示第一波自877.92漲到4796.73,開始回檔。

以黃金切割率計算其回檔的支撐點(小數點不計)如下:

一、回檔0.191的位置4796–(4796–877)×0.191= 約4048。

二、回檔0.382的位置4796–(4796–877)×0.382= 約3229。

三、回檔0.500的位置4796–(4796–877)×0.500= 約2837。

四、回檔0.618的位置4796–(4796–877)×0.618= 約2374。

五、回檔0.809的位置4796–(4796–877)×0.809= 約1626。

從圖(8-2)圖中可看出指數自877漲到4796回檔到最低2241收盤2339.86,大約黃金切割率0.618的位置2374。如何判定0.618會止跌支撐?最簡單的方法是以「三根K棒」收盤價為準。換言之月線必須三個月收盤價未破(2374)。週線則是三周收盤價未破所預測的位置。日線則是三日收盤價未破所預測的位置,才可視為止跌有支撐。

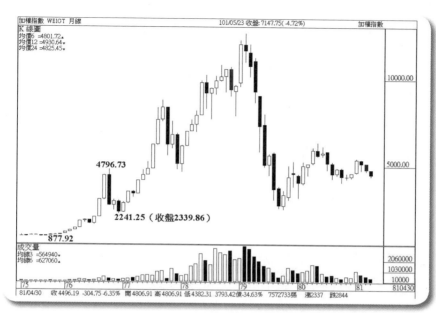

圖（8-2）

上圖是台股月線圖。

一、圖中所示指數自877.92點漲到4796.73點，回檔到
　　2241.25點收盤指數2339.86止跌有支撐。

二、若以黃金切割率計算此波回檔0.618的位置在4796–
　　（4796 – 877）×0.618=2374，與收盤價2339很接近。

利用黃金切割率預測回檔的支撐

上一頁的預測其低點自877.92算起，或許您會問為何不從另一個低點如圖（8-3）所示1604.79算起？如果從1604.79算起漲到4796.73那麼回檔到2339.86會是黃金切割率的哪一個位置？筆者再算一次給讀者參考。

以台股加權指數的月線圖算回檔的支撐點

如（圖8-3）是台股指數月線圖，圖中所示第一波自1604.79漲到4796.73開始回檔。

以黃金切割率計算其回檔的支撐點（小數點不計）如下：

一、回檔0.191的位置4796–(4796–1604)×0.191=約4187。

二、回檔0.382的位置4796–(4796–1604)×0.382=約3577。

三、回檔0.500的位置4796–(4796–1604)×0.500=約3200。

四、回檔0.618的位置4796–(4796–1604)×0.618=約2824。

五、回檔0.809的位置4796–(4796–1604)×0.809=約2214。

從（圖8-3）圖中可看出指數自1604漲到4796回檔到最低點2241距離黃金切割率0.809的位置2214僅差27點，距離收盤指數2339相差125點。預測黃金切割率應以收盤價為準，只要守穩「三根K棒」以上就算有支撐。我們以月線預測那就要守穩三個月才算有支撐。

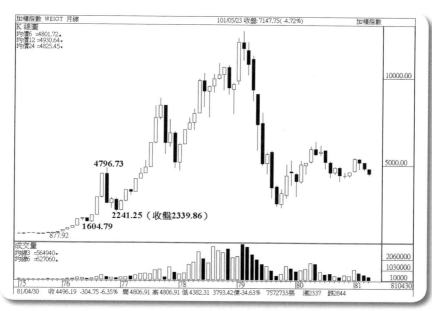

圖（8-3）

上圖是台股月線圖。

一、圖中所示指數自1604.79點漲到4796.73點，回檔到
　　最低點2241.25收盤2339.86。

二、若以黃金切割率計算回檔0.809的位置在4796 －
　　（4796 － 1604）× 0.809 = 2214與2339相差125點。
　　只要守穩最低價或收盤價三個月就算有支撐。

兩種黃金切割率的算法

　　黃金切割率有兩種算法一種是單方向的算法，一種是雙向亦稱區間的算法。茲說明如下：

一、單方向的算法：顧名思義若欲算回檔直接以高點乘以黃金切割率的數字。相反的欲算反彈則直接以低點乘以黃金切割率的數字。

　　以圖（8-3）為例，大盤指數月線圖其高點4796.73直接乘以0.5，4796.73 × 0.5 = 2398.36也是很接近收盤價2339.86。而距離最低點2241.25相差157.11點。

二、雙向區間的算法：必須先算出低點與高點的漲幅，再將此漲幅乘以黃金切割率的數字。最後再自高點減黃金切割率所算出的點數或價位。

　　以圖（8-3）為例，大盤指數月線圖其算法如下：

4796.73 –（4796.73 – 1604.79）× 0.809 = 2214.46

與收盤價2339.86相差125.4點。

　　就上述兩種算法到底是哪一種比較準？筆者認為各有千秋，也各有優缺點。

　　單方向的算法確實比較簡單，但預測的準確度較低。正確的算法應以雙向區間的算法可信度較高。本書大都採取雙向區間的算法。

比較兩種黃金切割率的算法

　　為了讓讀者能了解剛才所說的單方向預測法與雙向區間預測的準度，筆者再以大盤月線圖做範例就可發現雙向區間預測法比單方向預測法的準確度較高。

　　如（圖8-4）是大盤指數月線圖。指數自2241漲到8813（小數點不計）開始回檔，單向與雙向的預測方向如下：

一、單方向預測法

　　指數自2241漲到8813，直接自高點8813乘以0.5。（8813 × 0.5）＝ 4406。距離最低點4645相差239點。

二、雙向區間預測法

　　指數自2241漲到8813，其算法8813 －（8813 － 2241）× 0.618 ＝ 4751。距離最低點4645相差106點。

●從以上兩種預測方法得知雙向區間預測法的準度優於單向預測法。或許讀者會問為何單方向預測法乘以0.5，而雙向預測法卻乘以0.618？因為區間預測法乘以0.5指數尚未止跌守穩三個月。因此必須往下算，乘以0.618。

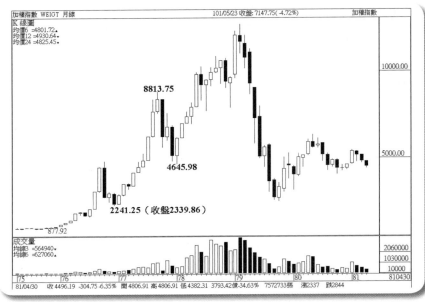

圖（8-4）

上圖是大盤指數月線圖。

一、如圖所示指數自2241漲到8813，若以單方向預測法算其回檔位置（8813 × 0.5）＝ 4406。距離最低點4645相差239點。

二、若以雙向區間預測法其回檔位置8813 －（8813 － 2241）× 0.618 ＝ 4751。距離最低點4645相差106點。

三、兩相比較之下雙向區間預測法的準確度優於單方向預測法。

利用黃金切割率預測反彈的壓力

前幾頁我們利用黃金切割率預測回檔的支撐點，現在我們反向來談一談利用黃金切割率預測反彈的壓力點。我們仍然採取雙向區間的算法較準確。

以台股加權指數月線圖算反彈壓力點

如圖（8-5）是台股指數月線圖。圖中所示指數自12682跌到2485止跌反彈。

以黃金切割率計算其反彈的壓力點（小數點不計）如下：

一、反彈0.191的位置2485＋（12682 − 2485）× 0.191 = 約4432。

二、反彈0.382的位置2485＋（12682 − 2485）× 0.382 = 約6380。

三、反彈0.500的位置2485＋（12682 − 2485）× 0.500 = 約7583。

四、反彈0.618的位置2485＋（12682 − 2485）× 0.618 = 約8787。

五、反彈0.809的位置2485＋（12682 − 2485）×0.809 = 約10734。

從圖（8-5）可看出指數自12682跌到2485反彈到最高點6365，距離黃金切割率0.382的位置6380僅相差15點。若三個月指數不再創6380的高點，則反彈到0.382的位置就是它的壓力點。

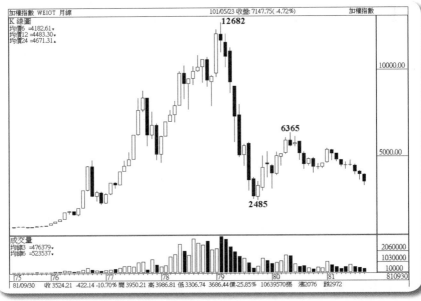

圖（8-5）

上圖是大盤指數月線圖。

一、圖中所示指數自12682一路下跌到2485，反彈到
　　6365的壓力點。

二、若以黃金切割率計算此波反彈0.382的位置在2485+
　　（12682 - 2485）× 0.382 = 6380。與6365僅相差15
　　點。

利用黃金切割率預測反彈的壓力

　　現在筆者再舉近期的例子，以黃金切割率預測反彈的壓力點。同樣採取雙向區間的算法較準確。

以台股加權指數月線圖算反彈壓力點

　　如圖（8-6）是台股指數月線圖。圖中所示指數自9220或9089跌到6609止跌反彈。

以黃金切割率計算其反彈的壓力點（小數點不計）如下：

一、反彈0.191的位置6609＋（9220－6609）×0.191＝約7107。

二、反彈0.382的位置6609＋（9220－6609）×0.382＝約7606。

三、反彈0.500的位置6609＋（9220－6609）×0.500＝約7914。

四、反彈0.618的位置6609＋（9220－6609）×0.618＝約8223。

五、反彈0.809的位置6609＋（9220－6609）×0.809＝約8721。

　　從圖（8-6）可看出指數自9220下跌到6609反彈到8170，距離黃金切割率0.618的位置8223相差53點。

●若以9089的高點下跌到6609這一段算黃金切割率，反彈0.618的位置6609＋（9089－6609）×0.618＝8141。與8170僅相差29點。

●讀者或許會問到底要以9920或9089起算才標準？嚴格說起來應以9089起算才標準。因為它是一波下跌到底，而9220是下跌到8070再反彈到9089因此比較不準。

圖（8-6）

上圖是大盤指數日線圖。

一、圖中所示指數自9220或9089下跌到6609反彈到8170 的壓力點。

二、若以9220起算黃金切割率計算此波反彈0.618的位置 在8223，距離8170相差53點。

三、若以9089起算此波反彈0.618的位置在8141，距離 8170相差29點。

黃金切割率也適用於週線、日線

　　我們連續舉四個大盤月線圖的回檔與反彈，利用黃金切割率計算其支撐與壓力。也許讀者會誤以為黃金切割率只適用於月線，其實不然。無論是年線、月線、週線、日線、分線皆可適用，惟短天期的精準度較差。

　　就技術分析來看所有的技術指標皆是長天期的較準，短天期的較不準。就黃金切割率來看長天期（月線）必須等三個月才知道是否有支撐或壓力，時間較長。試想對短線操作的朋友而言三個月是無法等待的，因此操作短線的朋友當然可從日線圖計算黃金切割率的支撐或壓力。中線操作的朋友就可從週線計算黃金切割率的支撐或壓力。

　　操作期貨指數的朋友大都以分線做為進出的買賣點，因此也可利用分線計算黃金切割率的支撐與壓力。目前市面上股票軟體或券商提供的看盤軟體大都有黃金切割率的功能，只要按一下黃金切割率功能鍵就會自動幫您算好，非常方便。不必自己計算費時又費力。但必須注意軟體的功能是單方向預測法，或雙向區間預測法，應以雙向區間預測法較準。

　　為了讓讀者了解黃金切割率亦能計算週線、日線、分線或個股的支撐壓力，筆者再多舉幾個實例讓您知道如何利用黃金切割率預測支撐與壓力。

利用黃金切割率預測回檔的支撐

圖（8-7）是大盤指數週線圖。指數從7032漲到9220再回檔到8070，這段期間一共拉回5次。我們用黃金切割率計算這五次拉回的低點（支撐點）大約在黃金切割率的哪一個位置？

第一次自7032漲到7645拉回到7251支撐

黃金切割率（0.618）：7645–（7645–7032）×0.618= 7266。距離7251相差15點。

第二次自7251漲到8054拉回到7577支撐

黃金切割率（0.618）：8054–（8054–7251）×0.618= 7558。距離7577相差19點。

第三次自7577漲到8310拉回到7992支撐

黃金切割率（0.382）：8310–（8310–7577）×0.382= 8030。距離7992相差38點。

第四次自7992漲到8473拉回到8226支撐

黃金切割率（0.5）：8473–（8473–7992）× 0.5 = 8233。距離8226相差7點。

第五次自8226漲到9220拉回到8070支撐

黃金切割率（1）：9220–（9220 – 8226）× 1 = 8226。距離8070相差156點。

●從五次的拉回中您回發現二次在黃金切割率的0.618，可見0.618的準確度很高與0.5不相上下。

●若以整個上漲大波段來看，指數自7032漲到9220回檔到8070。大約是黃金切割率0.5的位置8126。距離8070相差56點，如圖（8-8）所示。

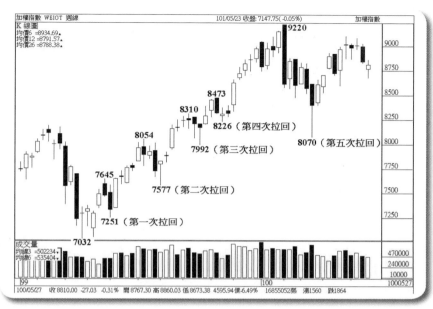

圖（8-7）

上圖是大盤指數日線圖。

一、第一次拉回在黃金切割率0.618位置7266，距離7251
　　相差15點。

二、第二次拉回在黃金切割率0.618位置7558，距離7577
　　相差19點。

三、第三次拉回在黃金切割率0.382位置8030，距離7992
　　相差38點。

四、第四次拉回在黃金切割率0.5位置8233，距離8226相
　　差7點。

五、第五次拉回在黃金切割率1位置8226，距離8070相
　　差156點。

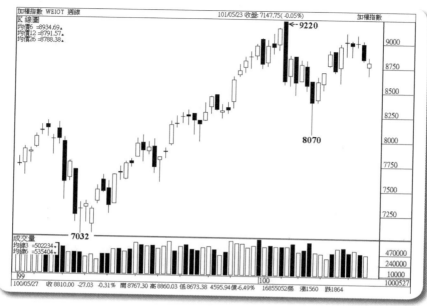

圖（8-8）

上圖是大盤指數週線圖。

一、若以整個大波段計算指數自7032漲到9220回檔到
　　8070，大約在黃金切割率0.5的位置8126。

二、黃金切割率0.5的位置9220－（9920－7032）×0.5＝
　　8126，距離8070相差56點。可見0.5的支撐可信度很
　　高。

利用黃金切割率預測反彈的壓力

　　圖（8-9）是大盤指數日線圖。指數從8170下跌到7430再反彈到7704。這段期間一共反彈四次，其中第四次反彈超過第三次反彈的高點。我們用黃金切割率計算這四次反彈的高點（壓力點）大約在黃金切割率的哪一個位置？

第一次自8170跌到7940反彈到8085壓力

黃金切割率（0.618）：7940＋（8170–7940）×0.618＝8082。距離8085相差3點。

第二次自8085跌到7528反彈到7788壓力

黃金切割率（0.5）：7528＋（8085－7528）×0.5＝7807。距離7788相差19點。

第三次自7788跌到7430反彈到7600壓力

黃金切割率（0.5）：7430＋（7788－7430）×0.5＝7609。距離7600相差9點。

第四次反彈超過第三次的高點7600，來到7704。此時應以整個下跌大波段計算，自8170跌到7422反彈到7704。

黃金切割率（0.382）：7422＋（8170–7422）×0.382＝7707。距離7704相差3點。

●從三次的反彈中，您會發現二次在黃金切割率的0.5。可見0.5的準確率很高。

●第四次的反彈超過第三次的高點，應以整個下跌大波段計算，如圖（8-10）所示。

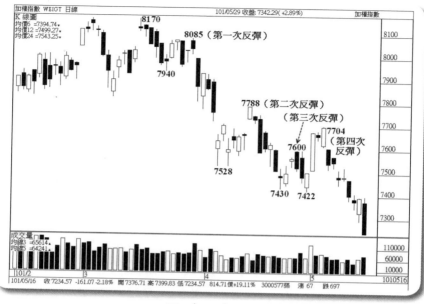

圖（8-9）

上圖是大盤指數日線圖。

一、第一次反彈在黃金切割率0.618位置8082距離8085相差3點。

二、第二次反彈在黃金切割率0.5位置7807距離7788相差19點。

三、第三次反彈在黃金切割率0.5位置7609距離7600相差9點。

四、第四次反彈因超過第三次反彈的高點7600達到7704，應以下跌大波段計算黃金切割率的反彈位置。可參閱圖（8-10）的算法。

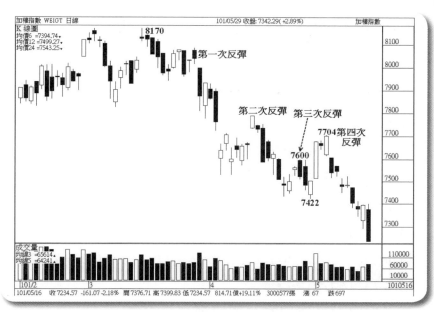

圖（8-10）

上圖是大盤指數日線圖。

一、因第四次反彈超過第三次反彈的高點7600，因此應
　　以整個下跌大波段計算黃金切割率反彈的位置。

二、指數自8170跌到7422反彈到7704與黃金切割率0.382
　　的位置7707僅差3點。

三、其算法如下：7422　＋（8170 – 7422）× 0.382 =
　　7707。

利用黃金切割率預測回檔的支撐

筆者以期指的分線做例子，算其黃金切割率的支撐點。圖（8-11）是期貨指數1分鐘線自7290漲到7364一共拉回4次。

第一次自7290漲到7313拉回到7297支撐

黃金切割率（0.618）：7313–（7313–7290）×0.618= 7298。距離7297相差1點。

第二次自7297漲到7327拉回到7311支撐

黃金切割率（0.5）：7327–（7327－7297）× 0.5 = 7312。距離7311相差1點。

第三次自7311漲到7342拉回到7323支撐

黃金切割率（0.618）：7342–（7342–7311）×0.618 = 7323。剛好與7323相等。

第四次自7323漲到7357反彈到7348。

黃金切割率（0.236）：7357–（7357–7323）×0.236 = 7348。剛好與7348相等。

◉後來指數漲到7364回檔黃金切割率1以上，跌破前波低點7348（第四次回檔的支撐點），此時上漲趨勢結束改變成下跌趨勢。

◉從四次的回檔中有二次是在黃金切割率0.618的位置，可見黃金切割率0.618準確度較高。

圖（8-11）

上圖是期指1分線圖。

一、如圖所示指數自7290漲到7364，一共回檔四次。

二、第一次回檔在黃金切割率0.618位置7298距離7297僅
　　差1點。

三、第二次回檔在黃金切割率0.5位置7312距離7311僅差
　　1點。

四、第三次回檔在黃金切割率0.618位置7323剛好與7323
　　相等。

五、第四次回檔在黃金切割率0.236位置7348剛好與7348
　　相等。

利用黃金切割率預測回檔的支撐

現在我們舉一檔股票宏碁做例子，計算其在上升趨勢中回檔黃金切割率的位置。如圖（8-12）是宏碁的日線圖。股價自32.05元漲到46.15一共回檔四次。

第一次自32.05元漲到35.45元回檔到34元支撐

黃金切割率（0.382）：35.45元–（35.45元-32.05元）×0.382 = 34.15元。距離34元相差0.15元。

第二次自34元漲到40.2元回檔到36.45元支撐

黃金切割率（0.618）：40.2元–（40.2元-34元）×0.618 = 36.36元。距離36.45元相差0.09元。

第三次自36.45元漲到44元回檔到40.7元支撐

黃金切割率（0.382）：44元–（44元–36.45元）×0.382 = 41.11元。距離40.7元相差0.41元。

第四次自40.7元漲到46.15元回檔到42.65元支撐

黃金切割率（0.618）：46.15元–（46.15元–40.7元）×0.618 = 42.78元。距離42.65元相差0.13元。

◉宏碁在四次回檔中有二次回檔到0.382止跌，有兩次回檔在0.618止跌。

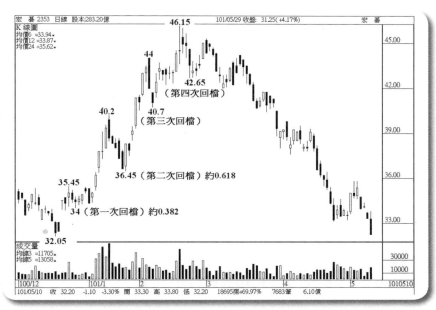

圖（8-12）

上圖是宏碁日線圖。

一、股價自32.05元漲到46.15元，一共有四次回檔。

二、第一次與第三次回檔在黃金切割率0.382的位置。

三、第二次與第四次回檔在黃金切割率0.618的位置。

利用黃金切割率預測反彈的壓力

現在我們同樣以宏碁這檔個股計算它在下跌趨勢中反彈在黃金切割率的位置。如圖（8-13）是宏碁的日線圖。股價自46.15元下跌到33.1元一共反彈5次。

第一次自46.15元跌到42.65元反彈到45.3元壓力

黃金切割率（0.809）：42.65元＋（46.15元–42.65元）×0.809＝45.48元。距離45.3元相差0.18元。

第二次自45.3元跌到42元反彈到44.2元壓力

黃金切割率（0.618）：42元＋（45.3元–42元）×0.618＝44.03元。距離44.2元相差0.17元。

第三次自44.2元跌到40.6元反彈到41.75元壓力

黃金切割率（0.382）：40.6元＋（44.2元–40.6元）×0.382＝41.97元。距離41.75元相差0.22元。

第四次自41.75元跌到37.6元反彈到39.5元壓力

黃金切割率（0.5）：37.6元＋（41.75元–37.6元）×0.5＝39.67元。距離39.5元相差0.17元。

第五次自39.5元跌到33.1元反彈到35.8元壓力

黃金切割率（0.382）：33.1元＋（39.5元–33.1元）×0.382＝35.54元。距離35.8元相差0.26元。

◉宏碁在五次反彈中有二次反彈到0.382逢壓力。通常股價僅反彈到0.191或0.382就拉回是弱勢反彈容易破底。

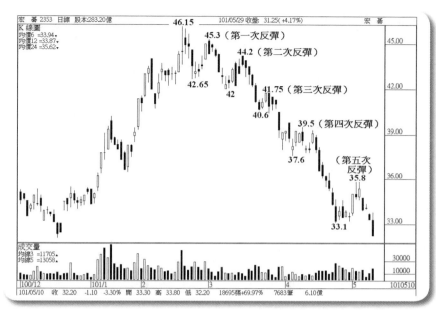

圖（8-13）

上圖是宏碁日線圖。

一、股價自46.15元下跌到33.1元一共反彈五次。

二、其中有兩次反彈到0.382逢壓力拉回。

三、通常股價僅反彈到0.191或0.382就壓回是弱勢反彈
　　容易再破底。

四、若反彈超過0.5或0.618強勢反彈拉回較不易破底。

利用黃金切割率預測回檔支撐與反彈壓力

我們花了不少篇幅利用黃金切割率預測股價的支撐與壓力，相信讀者也會自行預測了。黃金切割率預測支撐與壓力有幾個重點如下：

上升趨勢

一、在上漲趨勢中利用黃金切割率計算回檔的支撐點。若回檔0.191或0.382就止跌表示強勢回檔，股價仍有創新高的機會。若回檔跌破0.5的位置則是弱勢回檔，股價可能回測起漲點並有跌破之虞？

二、回檔時若跌破前波低點則上漲趨勢可能改變成盤整趨勢或下跌趨勢。

下跌趨勢

一、在下跌趨勢中利用黃金切割率計算反彈的壓力點。若反彈0.19或0.382就止漲拉回表示弱勢反彈，股價仍有創新低的機會。若反彈超過0.5則是強勢反彈，股價可能挑戰起跌點，並有突破機會。

二、反彈時若突破前一波高點則下跌趨勢可能改變成盤整趨勢或上漲趨勢。

最後讀者可在圖（8-14）華碩的日線圖，自行利用黃金切割率計算華碩反彈的壓力與回檔的支撐。

圖（8-14）

上圖是華碩日線圖。

一、股價自255元下跌到178元一共反彈了6次。讀者可自行練習算它反彈黃金切割率的位置。

二、股價自178元上漲到262.5元一共回檔6次。讀者可自行練習算它回檔黃金切割率的位置。

8-3 時間與空間預測法

　　上一節討論黃金切割率是屬於空間的預測法，其意涵是指預測指數或股價漲幅或跌幅的空間。而時間預測法是依據費波納西數列算出指數或股價在多少時間內可能結束漲幅或跌幅。

　　本節是利用費波納西的數列計算其時間轉折。費波納西數列在第八章第一節已有詳細的說明，如1、1、2、3、5、8、13、21、34、55、89、144…等。當指數或股價在上漲或下跌或整個波段的完成，若遇到上述費波納西數列皆有可能轉折。

舉例說明如下：

一、若股價上漲一天未拉回可能會上漲二天。若第二天未拉回，可能會上漲三天。若三天仍未見拉回可能會連漲五天才會拉回依此類推，下跌也是如此。

二、若股價自上漲開始到漲勢結束，反轉下跌到下跌結束。如此完成一個上漲與下跌的週期也可引用於費波納西的數列，計算其整個週期的時間。

●據筆者的經驗若年線、月線、週線、日線同時出現兩種以上的時間天數都在費波納西的數列中，其準確率較高。

費波納西數列與黃金切割率預測法

　　從圖（8-15）大盤指數月線圖可清楚的看出上漲與下跌的時間吻合費波納西的數列（時間波），說明如下：

只算上漲波與下跌波

一、如圖中所示大盤指數自5653下跌到3411剛好8個月，吻合費波納西數列。

二、指數自3411漲到6484也是8個月吻合費波納西數列。

上漲波與下跌波一起計算（一個週期）

一、若以上漲波加下跌波一起計算，您會發現指數自3411的隔月算起，漲到6484再下跌到3845一共13個月，吻合費波納西數列。

二、若自3411漲到6484跌到3845反彈到5141再跌到4044一共20個月在第21個月指數起漲到7135。

時間與空間同時到底

一、如圖中可看出指數由6484下跌到4044也是13個月。且大約在黃金切割率回檔0.809的位置6484－（6484－3411）× 0.809 = 3998，與4044僅差46點，時間與空間同時到達（底）。後來指數漲到7135。

重點提示

●計算費波納西的起算點可依指數或股價的最低點或最高點算起，也可延至下一個月（下一根K線）算起。

●計算費波納西的時間波若僅差一個月（月線）或一周（週線）或一天（日線）皆可接受，不能苛求一定要完全吻合。

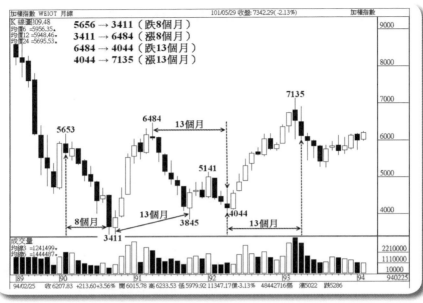

圖（8-15）

上圖是大盤月線圖。

一、從圖中可發現指數5653下跌到3411約8個月。

二、指數自3411漲到6484約8個月。

三、指數自3411漲到6484再跌到3845約13個月反彈到
　　5141再跌到4044約20個月。在第21個月指數起漲到
　　7135，亦吻合費波納西的數列（時間波）。

費波納西數列月線與週線時間波重疊

　　先前我們提到在計算費波納西數列的時間波時，若發現月線、週線、日線，亦就是長線、中線、短線完成重疊或任何兩種重疊則研判準確度愈高。如圖（8-16）大盤指數週線圖，可與上一頁圖（8-15）月線圖比較如下：

一、圖（8-15）月線圖指數自3411漲到6484再跌到3845，共13個月。

二、再看圖（8-16）週線圖指數自3411漲到6484再跌到3845一共54週。下一週55週指數拉長紅開始起漲。

月線與週線同時吻合費波納西數列

　　您會發現月線的13個月與週線的55週兩者同時吻合費波納西數列其準確度高，也可說是可信度高。因此指數3845止跌反彈到5141。

◉我們說過在計算費波納西的時間波時若僅差一周（週線）是可以接受的，因為我們的重點是在預測底部或頭部是否到了。若已到達目標區那麼就準備出手了。

◉何況操作股票、期貨、選擇權不能只靠費波納西與黃金切割率，另有其他指標可輔助參考。

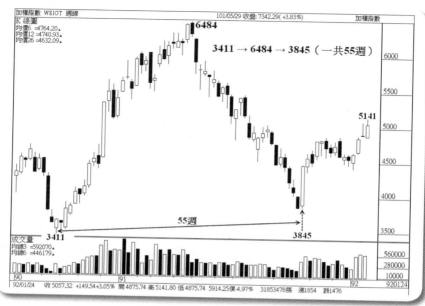

圖（8-16）

上圖是指數週線圖。

一、指數自3411漲到6484再下跌到3845大約55週。

二、圖（8-15）月線圖指數自3411漲到6484再下跌到3845一共13個月。

三、月線與週線兩者同時吻合費波納西數列，因此指數在3845落底止跌反彈漲到5141。

費波納西數列月線與週線時間波重疊

筆者在舉一個月線與週線同時吻合費波納西數列的時間數列給讀者參考。

如圖（8-17）是大盤指數月線圖

一、圖中所示指數自4044漲到9859共55個月。吻合費波納西的時間數列。

二、指數自9859隔月起算下跌到3955共下跌13個月，吻合費波納西的時間數列。

三、若大盤指數自3411漲到9859再下跌到4164（與3955相差三個月）一共89個月，是回檔黃金切割率0.905位置（4024），當時是金融海嘯其間。筆者正在台北舉辦免費分享課程，建議投資人至少有回補3～5成持股。因為月線RSI已進入2～5的「準領先指標」。後來指數一路上漲到9220。

月線與週線同時吻合費波納西數列

如圖（8-18）是大盤的週線圖

一、圖中所示指數字3411漲到9859再跌到4164一個週期一共377週，與圖（8-17）的月線圖自3411漲到9859再跌到4164的89個月同時（步）。吻合費波納西的時間數列指數強力反彈上漲9220。

二、可見先前我們所言如果月線、週線、日線有兩組以上同時吻合費波納西的時間數列其成功率較高。

圖（8-17）

上圖是大盤月線圖。

一、圖中所示指數自4044漲到9859一共55個月，吻合費
　　波納西數列的時間波。

二、指數自9859的隔月起跌到3955下跌13個月。吻合費
　　波納西數列的時間波。

三、若自3411漲到9859再跌到4164（與3955相差三個
　　月）一個週期共89個月與圖（8-18）週線圖的377週
　　同時吻合費波納西的時間波。

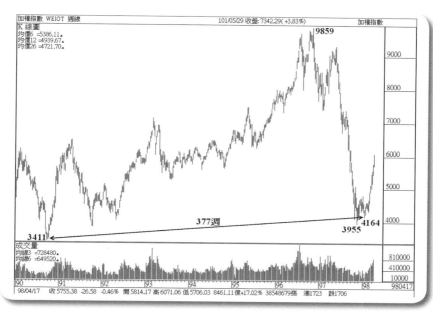

圖（8-18）

上圖是大盤週線圖。

一、圖中所示指數自3411漲到9859再跌到4164一個週期一共377週，吻合費波納西的時間數列。

二、與上一頁圖（8-17）月線圖指數自3411漲到9859再跌到4164一共89個月。

三、月線的89個月與週線的377週兩者同時（步）吻合費波納西的時間波。

費波納西數列週線與日線時間波重疊

　　筆者在舉一個週線與日線同時吻合費波納西的時間數列給讀者參考。

如圖（8-19）是大盤指數週線圖

一、圖中所示指數自6609漲到8170一共12週。隔週第13週開始拉回，雖然僅差一週也可視為費波納西的時間數列。

二、就黃金切割率來看指數自9220下跌到6609反彈到8170，很接近黃金切割率0.618位置8223。其算法如下：6609 ＋（9220 － 6609）× 0.618 ＝ 8223，與8170僅差53點。

週線與日線同時吻合費波納西數列

如圖（8-20）是大盤的日線圖

一、圖中所示大盤指數自6609漲到8170共55日與剛剛所算的圖（8-19）週線圖的13週兩者同時吻合費波納西的時間數列，因此指數一路下跌。

重點提示

就空間而言：指數自9220跌到6609反彈到8170已達到黃金切割率的0.618，此時要注意時間是否到了費波納西數列。

就時間而言：指數漲了55日已到了費波納西數列，此時要注意是否到了黃金切割率的位置。

◉在空間與時間同時到頂時，若指數由漲進入盤或跌就該退出以避開風險。

圖（8-19）

上圖是大盤指數週線圖。

一、指數自6609反彈到8170一共12週，隔週第13週開始拉回。

二、以黃金切割率計算指數自9220跌到6609反彈0.618的位置8223，與8170僅差53點。

三、週線反彈13週與圖（8-20）日線上漲55天同時吻合費波納西數列，且遇黃金切割率0.618的壓力，在時間與空間同時到頂的情況下指數開始拉回應即時退出。

圖（8-20）

上圖是大盤指數日線圖。

一、指數自6609上漲到8170一共55日，與上一頁圖
　　（8-19）週線圖上漲13週吻合費波納西數列。

二、指數自9220跌到6609反彈到8170與黃金切割率0.618
　　位置8223僅差53點。

三、在時間與空間同時到頂的情況下指數若由漲改變成
　　盤或跌應即時退（賣）出以規避風險。

8-4　預測台股指數何去何從？

　　當筆者正在撰寫本書時，適逢財政部宣布開徵證所稅的利空。全國各界吵得沸沸揚揚，好巧不巧希臘是否退出歐盟也在歐洲吵得沸沸揚揚。台股屋漏偏逢連夜雨，內有證所稅，外有希臘議題，在內外夾擊之下台股自8170壓回後跌跌不休。此時筆者正在中南部上課建議學員們應暫時避開此風暴明哲保身。

　　不過很多學員詢問台股到底會跌到哪裡？請筆者預測。面對學員派出的功課筆者也不得不略為預估台股長線的跌幅滿足區做個簡單的預測。

我們知道影響股市的漲跌有三大因素：

一、基本面：目前台股基本面已有衰退跡象值得注意。

二、消息面：目前最大利空是證所稅與希臘歐債問題。

三、技術面：台股月線圖正醞釀形成一個大頭肩頂的型
　　　　　　態，頸線大約在7032。

　　由於基本面與消息面很難掌控，因此筆者僅對技術面做預測僅供參考。若預測的準請給予掌聲，反之預測不準亦請見諒。換言之若證所稅能獲得圓滿解決與希臘歐債問題有解。那麼我們預測的低點可能會失真。

台股大頭肩頂會形成嗎？

筆者就技術面對台股有以下的看法：

一、如圖（8-21）台股月線圖正在醞釀一個大頭肩頂的
型態。其頸線位置在7032，若指數跌破頸線那麼頭
肩型態是否完成？與日後的成交量有關。若日成交
量僅維持在500～600億的常態量，那麼7032就保不
住，頭肩頂就會完成。

二、假設指數跌破7032完成頭肩頂型態，那麼其下跌的
滿足區有兩種算法：

第一種：$7032 - （9220 - 7032） = 4844$。

第二種：先算9220跌到7032的跌幅$（9220 - 7032）$
$\div 9220 = 23.7\%$。$7032 \times （1 - 23.7\%） = 5365$。

三、就黃金切割率來算指數自3955漲到9220回檔0.5的位
置在6588，回檔0.618的位置在5966，回檔0.809的
位置在4961。目前看起來回檔0.809位置比較接近頭
肩頂下跌滿足區的位置4844～5365。

四、就費波納西的數列來看台股自97年11月指數3955到
目前101年5月一共走了43個月，若指數跌破7032預
估會走55個月才符合費波納西數列。還差12個月預
估台股低點會落在102年5月份前後。

五、再以週線來看如圖（8-22）指數自3955走到本週
　　（101年5月25日）一共走了180週。必須走到233週
　　才符合費波納西的數列，因此還差233 - 180 = 53
　　週。也很接近一年（52週）的時間，與月線的12個
　　月同時（步）到底。

六、就空間來看台股長線的下跌滿足區（低點）可能落
　　在4844～5365之間。就時間來看可能落在102年的5
　　月份上下。換言之102年5月份可能就是時間與空間
　　同時落底的時刻。屆時讀者應勇於買進，可獲大
　　利。

波浪預測年線的位置

　　筆者再以年線預估台股目前所處的位置與未來可能
的位置。如圖（8-23）是台股的年線圖。就波浪理論來
看目前在做「收斂三角形」整理，預估會走九波
（ABCDEFGHI）。

　　如圖所示目前年線正往G波行進中，圖中①是下降
趨勢線。圖中②是上升趨勢線也是G波的位置若以今年
預估是4400，明年102年則是4500。預估台股明年較有
機會到達G波的位置。

◉若證所稅與歐債能獲得圓滿解決，指數的跌幅可能不
　會如預測的那麼深。

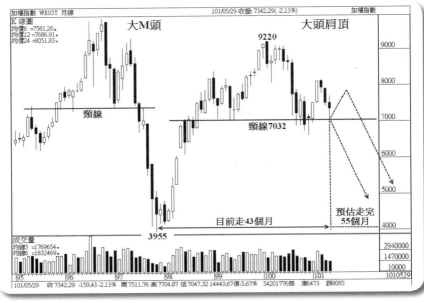

圖（8-21）

上圖是大盤指數月線圖。

一、指數自97年11月3955走到101年5月走了43個月。預估會走55個月才符合費波納西的時間轉折。

二、若走完55個月的時間點大約在102年5月份。

三、大頭肩頂若完成預估指數下跌的目標區在4844～5365。

四、黃金切割率預估的0.5在6588；0.618在5966；0.809在4961。預估0.809較符合費波納西的時間點。

圖（8-22）

上圖是大盤指數週線圖。

一、指數自97年11月21日3955走到101年5月25日走了
　　180週，預估會走233週才符合費波納西的時間轉
　　折。

二、週線若走完233週剛好與圖（8-21）月線走完55個
　　月。兩者重疊其落底的準確度愈高。圖中①②③代
　　表未來的三種走勢。

三、若再把年線再加上去，自97年走到102年剛好5年亦
　　符合費波納西數列。如此年線、月線、週線皆重
　　疊，其準確率就更高了。

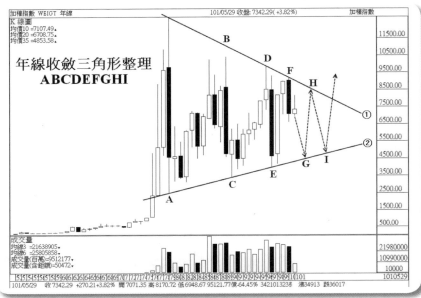

圖（8-23）

上圖是大盤指數年線圖。

一、如圖所示①是台股超長期的下降趨勢線。圖中②是
　　超長期的上升趨勢線。

二、目前年線在做收斂三角形整理，預測指數在走G
　　波，預估G波的位置在4500上下。

三、據艾略特波浪理論來推台股可能走九波的收斂三角
　　形之後，才會突破三角形整理。

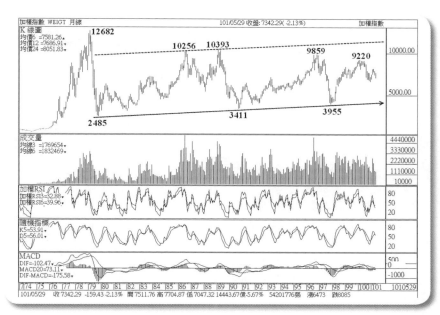

圖（8-24）

上圖是台股月線圖。

一、圖中所畫的是台股超大型上升軌道圖形。

二、圖中可看出民國79年的低點2485，90年的低點
　　3411，97年的低點3955所連接成的長期上升趨勢線
　　（軌道下沿）。

三、台股指數若逢利空或國際金融環境不佳景氣低迷跌
　　到谷底時，指數亦會壓回到此條長期的上升趨勢線
　　（軌道下沿）。預估指數在4～5字頭之間。

四、至於虛線的上升壓力線（軌道上沿）是未來台股在
　　國內外政經情勢大好，景氣繁榮的情況可達到的高
　　點約11000～12000之間。

第 九 章
45度線問答與習作

重點提示

◎45度線問與答

◎如何克服買賣的心理魔咒

◎做錯怎麼辦

◎45度線習作

9-1　45度線問與答Q&A

　　由於45度線是比較特殊的一種畫線技巧，且有一些特定的限制。因此很多投資朋友覺得很難下手畫45度線。況且市面上的股票軟體不一定能調至1.618：1的黃金矩形。導致投資人望而卻步。但是45度線用於操作股期權的成功率非常高，因此建議讀者盡量使用可以畫45度線的股票軟體，多多練習畫45度線如此可增加操作的績效。

　　很多投資朋友對於畫45度線的要領與操作技巧仍有很多疑問，筆者彙整大多數投資人的一些問題，利用Q&A的方式讓讀者能更了解45度線畫法與操作要領。

一問：畫45度線一定要1.618：1的黃金矩形嗎？

答：是的，因為沒有1.618：1的黃金矩形。畫出來的45
　　度線比較不準確容易誤判。

二問：黃金矩形的圖表中K線數量一定要110根嗎？

答：是的。除了圖表要黃金矩形，且圖中的K線數量要
　　110～111根。其準確率最高。這是筆者長年所測出
　　的結果。

三問：難道沒有黃金矩形或110～111根的K線就不能畫45度線嗎？

答：因為我們所畫的是45度線，因為必須統一規格，否則每一個人所畫出的45度線所標示的價位差距太大，無法操作。

四問：非用黃金矩形所畫出的45度線難道不準嗎？

答：在畫線技巧中有頸線、趨勢線、軌道線、扇形線、X線…等。不是用黃金矩形所畫出線是屬於上述幾種線。不適合稱作45度線。至於準確度各有千秋。投資人需看K線的走勢才能判定哪一種線較準。

五問：不會畫45度線而畫其它的線可以？

答：當然可以。如筆者在《10部數操盤法》書中所介紹的軌道線。它是一種領先指標可買到相對低點或賣到相對高點。每一種線都有它的功能。本書的重點是強調45度線的功能而已。

六問：45度線可適用國外的金融商品嗎？

答：當然可以，不過仍要將圖表設定在黃金矩形。其K線數量也應設定在110或111根。早期在《股市三寶》書中建議設定在80～120根。現在為了讓誤差縮小，因此設定111根。

七問：45度線的標準畫法與精緻畫法有何差別？

答：45度線的標準畫法通常用於波段操作。精緻畫法用
　　於短線操作。兩者交互參考操作相得益彰。

八問：要如何下手畫45度線的標準畫法？

答：從每一波的低點起畫一條上升的45度線或每一波高
　　點起畫一條下降的45度線。皆可視為標準畫法。

九問：要如何下手加畫45度線的精緻畫法？

答：我們設定了三個條件：1.缺口的位置。2.橫盤後的
　　突破或跌破。3.小波段的底部或頭部。可參考本書
　　第三章的說明。

十問：45度線的成功率有幾成？

答：任何一項技術指標都不可能百分百。根據我們的測
　　試45度線大約有8成以上的成功率。

十一問：如何改善45度線無法買到最低點與賣到最高點
　　　　　的缺點？

答：買到最低點與賣到最高點是可遇不可求的事情。不
　　過在《期權賺很大》書所提出的四個領先指標就有
　　機會買在相對低點，與賣在相對高點。個股的價乖
　　離寫在《K線實戰秘笈》。

十二問：哪四個領先指標可買在相對低點與賣在相對高點？

答：1.價乖離2.軌道線 3.RSI臨界值4.技術指標二次背離。其中價乖離分成大盤指數的價乖離與個股的價乖離兩種。

十三問：大盤指數的價乖離與個股的價乖離有何差別？

答：大盤或期指的價乖離寫在《期權賺很大》書中。而個股分別大型股、中型股、小型股其價乖離的百分比都不同。可參閱《K線實戰秘笈》的第七章內容。

十四問：45度線是否可用在期貨指數的分鐘線？

答：45度線主要是用在日線，若用在分鐘線可適用於30分或60分線。但是使用分鐘線操作期指誤判率較高。因此手腳要快，善設停損點，以免誤判產生虧損。

十五問：45度線是否可做當沖？

答：45度線用在當沖是屬於極短線的操作手法。若手腳夠快可以使用。反之手腳不夠快的朋友不宜使用。

十六問：用45度線操作分線K線圖是否設定1.618：1的黃金矩形？

答：無論是月線、週線、日線、分線。只要操作45度線，其K線圖表都要設定1.618：1的黃金矩形。圖表中的K線數量也要110或111根。

十七問：操作45度線若做錯怎麼辦？

答：無論操作股票、期貨、選擇權…等任何商品，只要發現做錯方向必須在三種補救措施中選擇一種，以避免虧損擴大。

十八問：哪三種補救措施？

答：第一種，停損退出、第二種，反向操作、第三種，鎖單操作。尤其是第三種在選擇權用得最多。在《K線實戰秘笈》與《期權賺很大》書中皆有說明做錯怎麼辦？讀者可參考。

十九問：學習技術分析一定要學45度線嗎？

答：因為45度線是線王也是寶王。其成功率很高。尤其在判定漲、跌、盤的轉折點，精準度很高。因此建議讀者盡量把它學會，有益無害。

二十問：預測壓力支撐哪一個方法較準？

答：預測壓力、支撐可用看、算、畫三種方法。看是指看移動平均線。算是指算黃金切割率。畫是指利用畫線技巧預測壓力支撐。此三種方法各有千秋。很難說哪一種方法較準。

二十一問：黃金切割率有哪幾種預測方法？

答：黃金切割率的預測方法可分為兩種。一種是單方向預測法。一種是雙向區間預測法。

二十二問：哪一種黃金切割率的預測法較準？

答：當然是雙向區間預測法較準，不過其計算方法比較複雜；雖然單方向預測法的計算比較簡單，但是準確度較低。

二十三問：若用黃金切割率哪一個數字較準？

答：黃金切割率最常用到的數字是0.382、0.5、0.618這三個數字中以0.5與0.618較準，且成功率較高。

二十四問：利用費波納西數列算時間波轉折會準嗎？

答：費波納西數列可參考，有時會提前幾天或延後幾天。但不一定剛好是費波納西數列的天數。

二十五問：費波納西數列算時間波轉折在甚麼情況下較 準？

答：依筆者的經驗長線比短線更準。如月線比週線準。 週線比日線準。日線比分線準。若有兩組或三組線 的數列重疊更準。如月線下跌3個月，週線下跌13 周，日線下跌55天，如此數列重疊就可能落底止 跌。上漲波或整理波的天數也是同樣的算法。

9-2 如何克服買賣的心理魔咒？

破除心理魔咒買賣之間當機立斷

我們先前說過預測壓力支撐不可能每次都準。在實務的操作上應以股市三寶，判定漲、跌、盤的轉折點做為進出的依據。據筆者長時間股票教學的經驗，當投資人遇到壓力支撐時大都會出現四種情況的心理障礙，也可說是天人交戰，不知如何選擇賣與不賣或買與不買。

首先我們先說明當指數或股價在上漲趨勢中遇到您所預測的壓力時，有四種情況，如圖(9-1)所示，請您回答。

第一種：當您很篤定的認為日線一定會突破週線的壓力。請問您要不要賣？

答案：當然不要賣！甚至可以加碼。

第二種：當您很篤定的認為日線遇到週線壓力一定不會突破，會被壓回。請問您要不要賣？

答案：當然要賣！可以賣在高點。

第三種：當你發現日線漲到週線的壓力時，您卻很猶豫，無法預測會不會突破。試問您要不要賣？

答案：當然要賣，因為沒有把握會突破。

第四種：當你發現日線尚未漲到週線的壓力，就開始拉回。請問您會不會看得出來？

答案：當然會。因為您學過股市三寶，有能力判定漲、跌、盤的轉折點。當指數或股價由「漲」進入「盤」就該減碼賣出。

四種情況出現如何選擇賣與不賣？

當指數或股價上漲，由日線漲到週線或您自己預測的壓力時，有四種情況如下圖所示。當您遇到這四種情況時，您會如何選擇賣與不賣？

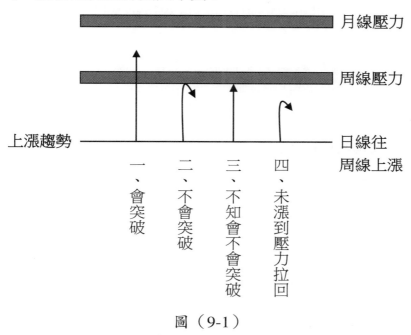

月線壓力

周線壓力

上漲趨勢

日線往周線上漲

一、會突破

二、不會突破

三、不知會不會突破

四、未漲到壓力拉回

圖（9-1）

問：第四種情況你會看得出來嗎？

答：會，因為學過股市三寶，可判定漲跌盤的轉折點。

日線上漲遇到週線壓力要不要賣？

現在筆者舉個實例給各位讀者參考。如圖（9-2）是期指日線圖。我們把日線的壓力設在下降軌道的上沿。您會發現到如圖中所示101年5月29日指數拉長紅但還未漲到軌道上沿，可以不賣。但是在5月29日當日期指的最高點已觸及週線的下降軌道上沿（壓力）可參閱圖（9-3）週線下降軌道圖形。請問要不要賣？

答案就是我們所說的四種只能選擇一種

一、當日線漲到週線壓力時如果您認為會突破當然不要賣。

二、如果您認為不會突破週線壓力當然要賣。

三、如果您很猶豫無法預測會不會突破週線壓力。那麼5月29日當日觸及週線壓力就賣出。寧可錯賣不要錯買。後來指數持續下跌就可避開風險。

四、若指數未漲到週線壓力就開始拉回，您也會看得出來。因為可利用股市三寶判定若指數由「漲」改變成「盤」或「跌」就要賣出。

◉大部份的投資朋友都會遇到第三種情況不知道要不要賣？試想5月29日遇到週線壓力若不賣，指數又持續下跌400多點。就會不賺反賠。

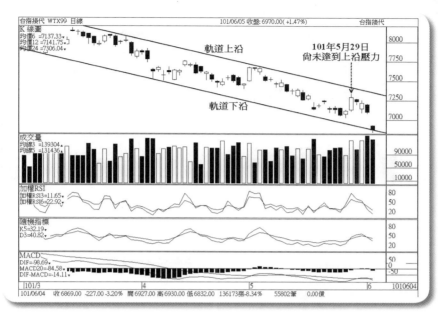

圖（9-2）

上圖是期指的日線圖。

一、在101年5月29日時指數拉長紅持續看漲。就日線圖
　　來看，還未觸及軌道線的上沿可以不必賣。

二、但是在圖（9-3）周線軌道圖形可看出5月29日日線
　　已漲到周線的壓力（軌道上沿）。此時若很猶豫無
　　法預測是否會突破上沿壓力，亦應賣出避開風險。

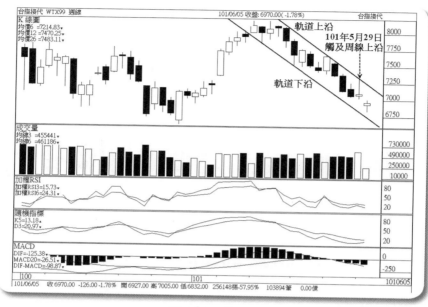

圖（9-3）

上圖是期指周線軌道圖形。

一、雖然圖（9-2）日線在5月29日持續上漲還未觸及日線的軌道上沿可以不必賣出。

二、但從上圖（9-3）周線軌道圖形可看出5月29日已遇到周線的軌道上沿壓力。此時當您若無法判定是否會突破週線壓力？也應賣出以避開下跌風險。

破除心理魔咒買賣之間當機立斷

　　先前提到在上漲趨勢中遇到壓力有四種情況，要如何選擇賣與不賣？現在反向思考，在下跌趨勢中，遇到支撐也會出現四種情況，考驗您要買或不買。

　　當指數或股價在下跌趨勢中遇到您所預測的支撐時有四種情況如圖(9-4)所示，請您回答。

第一種：當您很篤定的認為日線會跌破週線的支撐，請問您要不要買？

　答案：當然不要買，甚至可以加空。

第二種：當您很篤定的認為日線遇到週線支撐一定不會跌破，請問您要不要買？

　答案：當然要買，可買到低點。

第三種：當你發現日線跌到週線的支撐時，您卻很猶豫，無法預測會不會跌破。請問您要不要買？

　答案：不要買！因為沒把握會有支撐。

第四種：當你發現日線尚未跌到週線的支撐時，就開始反彈。請問您會不會看得出來？

　答案：當然會。因為您學過股市三寶，有能力判定漲、跌、盤的轉折點，當指數或股價由「跌」進入「盤」就可買進。

四種情況出現時，如何選擇買與不買？

當指數或股價下跌時，由日線跌到週線或您自己預測的支撐時，有四種情況如下圖所示。當您遇到這四種情況時，您會如何選擇買與不買？

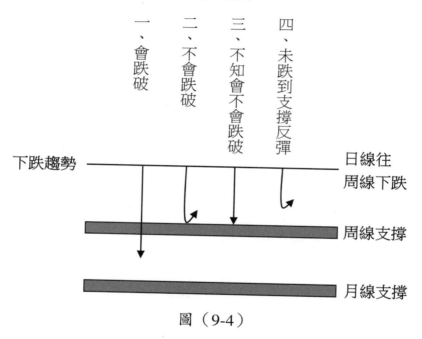

一、會跌破

二、不會跌破

三、不知會不會跌破

四、未跌到支撐反彈

下跌趨勢

日線往周線下跌

周線支撐

月線支撐

圖（9-4）

問：第四種情況你會看得出來嗎？

答：會，因為學過股市三寶，可判定漲跌盤的轉折點。

日線下跌遇到週線支撐要不要買？

　　現在筆者舉個實例給各位讀者參考。如圖（9-5）是大盤日線圖。我們把日線的支撐設在下降軌道的下沿。您會發現到如圖中所示101年6月4日指數跳空急跌到日線軌道下沿，剛好也跌到週線下降軌道下沿，如圖（9-6）所示。請問要不要買？

答案就是我們所說的四種只能選擇一種

一、當日線跌到週線支撐時，如果您認為會再跌破當然不要買。

二、如果您認為不會跌破週線支撐當然要買。

三、如果您很猶豫無法預測會不會跌破週線支撐。那麼6月4日當日觸及週線支撐就不要買。寧可錯賣不要錯買。

四、若指數未跌到週線支撐就開始反彈，您也會看得出來。因為可利用股市三寶判定若指數由「跌」改變成「盤」或「漲」就可買進。

●大部份的投資朋友都會遇到第三種情況不知道要不要買？若判定會止跌有支撐當然可以買，若無法判斷定是否有支撐就不要買。這次剛好跌到軌道下沿（領先指標）因此止跌反彈。

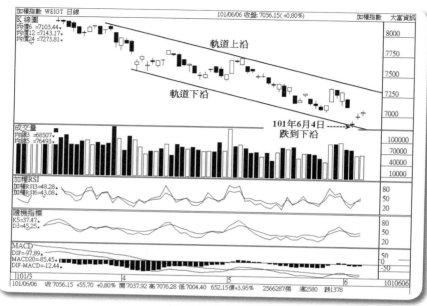

圖（9-5）

上圖是大盤指數日線圖。

一、在101年6月4日大盤指數急跌到日線圖（9-5）軌道下沿同時也剛好跌到週線軌道下沿，可參閱圖（9-6）週線圖。

二、當指數從日線跌到週線軌道下沿的支撐時要不要買。如果無法預測是否會跌破當然不要買。

三、如果判斷會在圖（9-6）週線軌道圖形的下沿止跌就可以買。

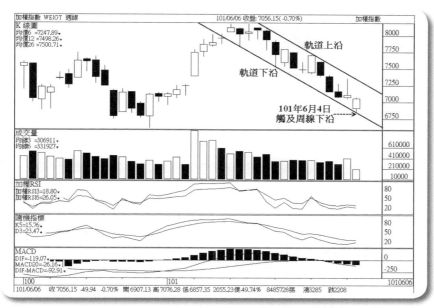

圖（9-6）

上圖是大盤指數週線圖。

一、當日線指數跌到週線軌道下沿如上圖所示，此時必
　　須判斷下沿是否有支撐？

二、若無法判斷是否撐得住就不要買。反之判斷可撐得
　　住就可以買。

三、軌道下沿是領先指標，止跌的成功率很高。我們提
　　出的四個領先指標可參閱《期權賺很大》123頁。
　　其中個股的價乖離（領先指標）則參閱《K線實戰
　　秘笈》第七章7-2節。

9-3 做錯怎麼辦?

俗云:「規劃趕不上變化」。佛家言:「無常」。無論任何一項分析工具皆沒有百分百的準確,只有成功率的多寡而已。因此當我們發現誤判時就應採取必要的防範或補救措施。45度線也是如此。其方法不外有三種。

一、執行停損退出

不論操作任何一種商品只要發現方向錯誤就該執行停損退出以規避風險,我們常說寧可錯賣不要錯買。等方向趨勢確認後再重新進場。

二、反向操作

當停損之後等方向明確就可採取反向操作。例如原本突破45度線做多。後來跌破45度線且跌破前一波低點,此時除了停損多單之外也可反手做空。

三、鎖單操作

這是不得已的方法在多空不明的情況下。只好暫時保留多單與空單。待多空方向明確後,再放棄一方。

在《期權賺很大》與《K線實戰秘笈》這兩本書中都特別提到停損的重要。筆者從事股票教學已達20年之久，看過無數的投資人其失敗的最大原因就是不願停損。採取「拖」字訣。回憶20多年前筆者初入股市是也是如此，最後幾乎賠光所有積蓄。後來才體會停損的重要性，在股票、期貨、選擇權市場大有斬獲。尤其是操作期貨、選擇權的朋友，停損的速度要快，不怕錯只怕拖。

也許有些投資朋友會問如果停損之後反向操作又失敗兩面挨耳光，如何是好？筆者認為應該對「趨勢方向」下功夫。提高研判趨勢方向的成功率，降低失敗率。如此就可減少兩面挨耳光的機率。

「人非聖賢熟能無過，知過能改善莫大焉。」操作股期權也是如此，只要發現錯誤就要改。台北有位李小姐上完我們的訓練課程之後，不但善於停損，操作成功率也提高到8成以上。難怪短短半年內在期貨市場獲利高達三倍。筆者讚嘆：「有狀元學生無狀元老師。」各位投資朋友大家加油！！

9 - 3 　45度線習作（homework）

　　筆者計畫寫這本《45度線獲利秘訣》之前很多學員建議在這本書內多放幾張45度線的習作，讓讀者能夠練習畫45度線。因為坊間的股票軟體有些無法將K線圖調整到1.618：1的黃金矩形。因此筆者從善如流。在本章節特別放了數張的K線圖讓讀者DIY自己練習畫45度線。本書的第二章提到45度線的標準畫法。第三章提到45度線的精緻畫法。讀者可以在K線圖上練習畫這兩種45度線的畫法。進而觀察它的買賣點。

　　再次提醒畫線的技術盡量以不要切到K線為原則。若切到K線可向右尋找另一根K線起畫。很多學員會問當指數或股價在45度線的邊緣時而站上45度線，時而跌破45度線，要如判定有無跌破或突破45度線呢？

　　筆者認為若長黑或跳空向下跌破上升45度線，則一天就可確認已跌破上升45度線。若K棒在45度線邊緣小紅、小黑則多觀察1～2天才能確定是否跌破？

　　相反的若長紅或跳空向上突破下降45度線，則一天就可確認已突破下降45度線。若K棒在45度線邊緣小紅、小黑則多觀察1～2天才能確定是否突破。

◉下面有些習作可自行練習畫45度，也可比對筆者的答案。

筆者列舉鴻海K線圖讀者自行練習畫45度線

如圖（9-7）是鴻海的日線圖，其畫45度線的重點如下：

一、您可在鴻海的每一波高點畫下降45度線，再觀察何時突破45度線？突破後出手買進可獲利多少元？

二、您可在鴻海的每一波低點畫上升45度線，再觀察何時跌破45度線？跌破後出手短空可獲利多少元？

三、也可在跳空上漲缺口的上限畫上升45度線的精緻畫法，再觀察跌破此上升45度線出手做空當沖或隔日沖或數日沖可獲利多少元？

四、也可在跳空下跌缺口的下限畫下降45度線的精緻畫法。再觀察突破此下降45度線出手做多當沖或隔日沖或數日沖可獲利多少？

五、圖中標示的每一波高點，如84.1元、84元、88元、104.5元、106元、117元是畫下降45度線的位置。

六、圖中標示的每一波低點，如75.1元、77.3元、83.5元、93.5元、95.5元、98.2元、101.5元、108元是畫上升45度線的位置。

七、圖中標示的跳空上漲缺口如83.1元、82.4元、91.5元、98.3元、111元是畫上升45度線的位置。

八、圖中標示的跳空下跌缺口如98.1元、101.5元是畫下降45度線位置。

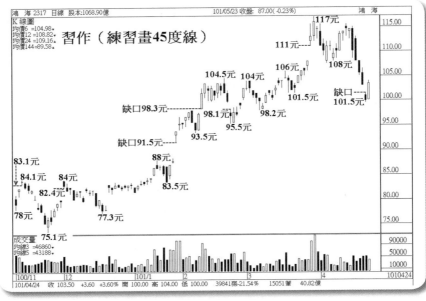

圖（9-7）

上圖是鴻海的日線圖。

一、您可在每一波的高點畫下降45度線，如84.1元、84元、88元、104.5元、106元、117元觀察突破的買點。

二、您可在每一波的低點畫上升45度線，如75.1元、77.3元、83.5元、93.5元、95.5元、98.2元、101.5元、108元觀察跌破的賣點。

三、也可在跳空上漲缺口的上限畫45度線，如83.1元、82.4元、91.5元、111元觀察跌破的賣點。

四、也可在跳空下跌缺口的下限畫下降45度，如98.1元、101.5元觀察突破的買點。

筆者列舉南亞K線圖讀者自行練習畫45度線

如圖（9-8）是南亞的日線圖，其畫45度線的重點如下：

一、我們在第二章談到45度線的標準畫法與第三章談到45度線的精緻畫法相信本書讀者還記憶猶新。您可以將本書所學到的畫45度線技術應用在股期權的K線圖上。

二、在45度線的精緻畫法中提到三個重點：

三、上升45度線的精緻畫法：1.缺口的上限、2.橫盤後的突破、3.小波段的底部（低點）。

四、下降45度線的精緻畫法：1.缺口的下限、2.橫盤後的跌破、3.小波段的頭部(高點)。

五、在圖（9-8）南亞K線圖中皆有標示缺口的位置如60.5元、57.9元、68.8元、70元等皆可用精緻畫法畫出45度線再觀察其突破或跌破的位置（價位）再決定做多或做空。

六、在圖（9-8）南亞的K線圖也有標示小波段低點如58.8元，或橫盤突破後的起畫點62.8元，橫盤跌破後的起畫點67.4元等。皆可用精緻畫法畫出45度線觀察其突破或跌破的位置（價位）再決定做多或做空。

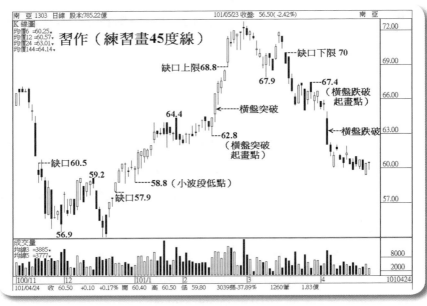

圖（9-8）

上圖是南亞的日線圖。

一、您可在缺口的位置如60.5元、57.9元、68.8元、70
　　元，用精緻畫法畫出45度線再觀察其突破或跌破的
　　位置(價位)出手做多或做空。

二、也可在小波段的低點或橫盤突破或橫盤跌破的位置
　　（價位）用精緻畫法畫出45度線。再觀察其突破或
　　跌破的位置（價位）出手做多或做空。

列舉富邦金與中華汽車K線圖讀者自行練習畫45度線

如圖（9-9）是富邦金的日線圖

一、讀者可在缺口的位置如32元（畫上升45度線），29.3元（畫下降45度線），29.9元（畫上升45度線），33.1元畫下降45度線。再觀察其突破或跌破的位置（價位）再出手做多或做空。

二、也可在橫盤突破後的起畫點30.65元畫上升45度線。再觀察其突破的位置做多。

三、也可在每一波的高點如33.2元、32.8元、35.85元、34.8元、35.4元、32.7元（畫下降45度線）或每一波的低點如30元、30.65元、34元、33.5元、32.55元等（畫上升45度線）。再觀察其突破或跌破的位置（價位）再出手做多或做空。

如圖（9-10）是中華汽車的日線圖

一、讀者可在缺口的位置如31元、27元（畫上升45度線），28.25元、25.75元（畫下降45度線）。再觀察其突破或跌破的位置（價位）再出手做多或做空。

二、也可在小波段的低點如27.15元、29元（畫上升45度線）或每一波的高點如28.8元、28.65元、30.95元或32.55元等（畫下降45度線）。觀察其突破或跌破的位置（價位）再出手做多或做空。

三、也可在小波段的高點如34元、32.2元或缺口下限28.25元畫下降45度線。觀察是否突破再做多。

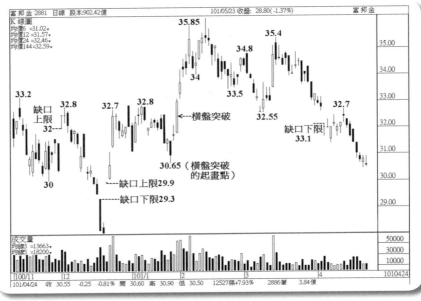

圖（9-9）

上圖是富邦金的日線圖。

一、您可在缺口的位置如32元、29.9元（畫上升45度線）。29.3元、33.1元（畫下降45度線）。再觀察其突破或跌破的位置（價位）再出手做多或做空。

二、也可在橫盤突破或每一波的高點（畫下降45度線）。每一波的低點（畫上升45度線），再觀察其突破或跌破的位置（價位）再出手做多或做空。

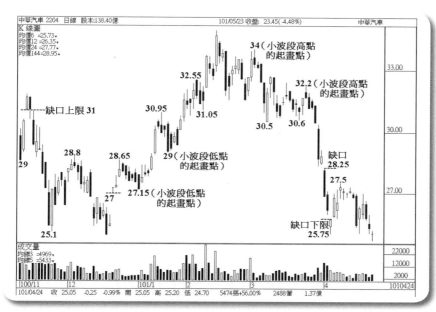

圖（9-10）

上圖是中華汽車的日線圖。

一、您可在缺口的位置31元、27元（畫上升45度線）。
　　28.25元、25.75元（畫下降45度線）。再觀察其突
　　破或跌破的位置（價位）再出手做多或做空。

二、也可在小波段的低點如27.15元、29元（畫上升45度
　　線）或每一波高點如28.8元、28.65元、30.95元、
　　32.55元等（畫下降45度線）在觀察其突破或跌破的
　　位置（價位）再出手做多或做空。

列舉宏碁與廣宇K線圖讀者自行練習畫45度線

如圖（9-11）是宏碁的日線圖

一、讀者可在缺口的位置31.85元或34.9元畫上升45度線，觀察其跌破的位置。若出手短空可獲利多少元？

二、宏碁自29.45元漲到46.15元。在上漲趨勢的過程中自每一小波的高點畫下降45度線，如35.8元、35.45元、40.2元、44元。當股價突破下降45度線時做多，經過幾天後可獲利多少元？

三、宏碁自46.15元開始下跌到33.2元。在下跌趨勢的過程中自每一小波的低點畫上升45度線，如42.65元、40.6元、37.6元。當股價跌破上升45度線時做空，經過幾天後可獲利多少元？

如圖（9-12）是廣宇的日線圖

一、廣宇自20.75元漲到33元。在上漲趨勢的過程中自每一小波的高點畫下降45度，如24元、25.2元、31.2元。當股價突破下降45度線時做多，經過幾天後可獲利多少元？

二、廣宇自33元開始下降到22.8元。在下跌趨勢的過程中自每一小波的低點畫上升45度線，如30.05元、28.2元、24.65元。當股價跌破上升45度線時做空，經過幾天後可獲利多少元？

●所謂上漲趨勢是指K線在20日均線之上（多頭排列）。

●所謂下跌趨勢是指K線在20日均線之下（空頭排列）。

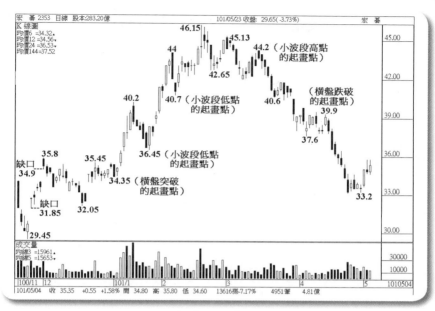

圖（9-11）

上圖是宏碁的日線圖。

一、您可在上漲趨勢的過程中，每一小波的高點如35.8
　　元、35.45元、40.2元、44元等畫下降45度線。當股
　　價突破下降45度線時做多可獲利多少？

二、也可在下跌趨勢的過程中，每一小波的低點如42.65
　　元、40.6元、37.6元等畫上升45度。當股價跌破上
　　升45度線時做空可獲利多少？

三、所謂上漲趨勢或是下跌趨勢是以多空線（20日均線
　　為準）。

圖（9-12）

上圖是廣宇的日線圖。

一、您可在上漲趨勢的過程中，每一小波的高點如24元、25.2元、31.2元。畫下降45度線。當股價突破下降45度線時做多可獲利多少？

二、也可在下跌趨勢的過程中，每一小波的低點如30.05元、28.2元、24.65元畫上升45度線。當股價跌破上升45度線時做空可獲利多少？

三、所謂上漲趨勢或是下跌趨勢是以多空線（20日均線為準）。

列舉仁寶與五鼎K線圖讀者可自行練習畫45度線

如圖（9-13）是仁寶的日線圖

一、在圖中可看出在上漲趨勢中出現小波段低點如27元、31元。也出現橫盤後的突破如29.6元。皆可用精緻的畫法畫上升45度線。再觀察是否跌破？若無跌破則不必賣出。

二、仁寶漲到35.8元後，拉回跌破45度線後完成下跌一寶，開始進入盤整。此時可設定壓力與支撐來回操作。

如圖（9-14）是五鼎的日線圖

一、在圖中可在63.4元，畫下降45度線。當突破此下降45度線時股價進入61.5元～60.4元的橫盤。當橫盤突破後就可在60.4元的位置起畫上升45度線。

二、在圖中也可看出股價漲到74.3元拉回後才跌破45度線。在71元的位置止跌，後來股價突破74.3元與75元的高點再續漲。

三、圖中所示75元～71元。81.2元～77.1元這段期間皆屬於盤整型態，因為股價上漲至74.3元未突破前高75元。股價拉回到71元未跌破前低70元。因此可判定盤整型態。

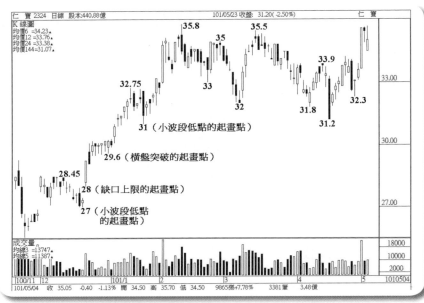

圖（9-13）

上圖是仁寶的日線圖。

一、圖中27元、31元可視為小波段的低點的起畫點。29.6元是橫盤突破後的起畫點。

二、股價漲至35.8元之後，進入盤整。皆可自高點畫下降45度線，被突破後，反向畫上升45度線。觀察其買賣點，並計算多空的獲利多少？

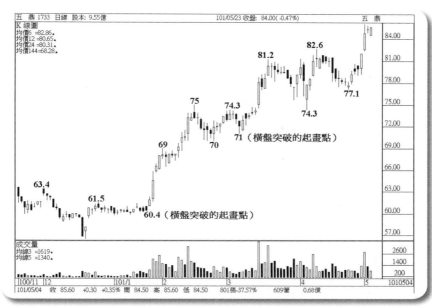

圖（9-14）

上圖是五鼎的日線圖。

一、圖中可看到61.5元～60.4元是橫盤。60.4元是橫盤的
　　起畫點。

二、圖中可看到75元～71元也是橫盤。71元是橫盤的起
　　畫點。

三、圖中的81.2元～77.1元也可視為橫盤，雖然82.6元高
　　於81.2元，但82.6元是最高價不是收盤價。突破或
　　是跌破應以收盤價為準。

　　前面8檔個股習作不知讀者畫的如何？也許您會覺得不知道畫得對不對？因此筆者再將這8檔個股畫給讀者比對參考。

一、鴻海：如圖（9-15）所示，可利用標準畫法與精緻畫法畫45度線。在上升趨勢中可在每一波的高點畫下降45度線。觀察其突破的買點。

二、南亞：如圖（9-16）所示，可在上升趨勢中的每一小波段的高點畫下降45度線；相反的在下降趨勢中的每一小波段的低點，畫上升45度線。觀察其跌破的賣點或空點。

三、富邦金：如圖（9-17）所示，畫法與鴻海和南亞雷同。但可注意橫盤的位置，橫盤可用虛線框起來。

四、中華汽車：如圖（9-18）所示，45度線的畫法與南亞雷同。

五、宏碁：如圖（9-19）所示，可看出上升趨勢與下降趨勢畫法可參考中華汽車或南亞。

六、廣宇：如圖（9-20）所示，線型與宏碁雷同可參閱宏碁的畫法。

七、仁寶：如圖（9-21）所示，由上漲趨勢進入盤整可注意整理盤的畫法。

八、五鼎：如圖（9-22）所示，在上漲趨勢中出現整理盤。整理盤的定義：跌破45度線但未跌破前一波低點。突破45度線但未突破前一波高點。可用心體會。

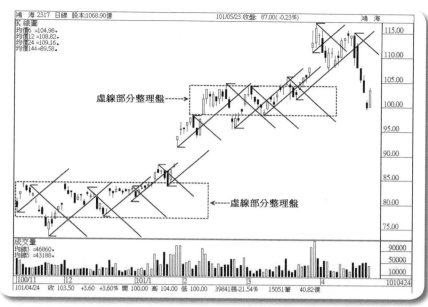

圖（9-15）

上圖是鴻海的日線圖。

一、可利用45度線的畫線技巧畫標準畫法與精緻畫法，
　　畫上升或下降45度線。

二、每一小波段的高點，皆可畫下降45度線，觀察其突
　　破的買點。

三、每一小波段的低點，皆可畫上升45度線，觀察其跌
　　破的賣點或空點。

四、注意橫盤的判定與畫法，並用虛線框起來。

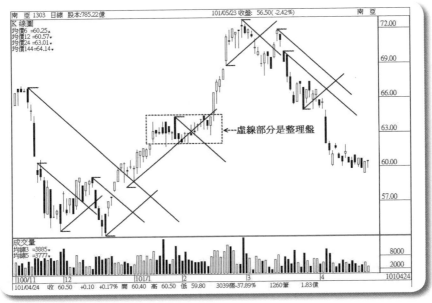

圖（9-16）

上圖是南亞的日線圖。

一、可利用45度線的畫線技巧畫標準畫法與精緻畫法，
　　畫上升或下降45度線。

二、每一小波段的高點，皆可畫下降45度線，觀察其突
　　破的買點。

三、每一小波段的低點，皆可畫上升45度線，觀察其跌
　　破的賣點或空點。

四、注意橫盤的判定與畫法，並用虛線框起來。

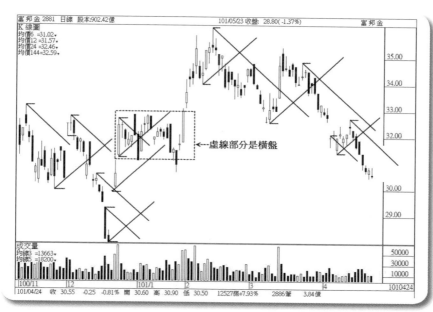

圖（9-17）

上圖是富邦金的日線圖。

一、可利用45度線的畫線技巧畫標準畫法與精緻畫法，
　　畫上升或下降45度線。

二、每一小波段的高點，皆可畫下降45度線，觀察其突
　　破的買點。

三、每一小波段的低點，皆可畫上升45度線，觀察其跌
　　破的賣點或空點。

四、注意橫盤的判定與畫法，並用虛線框起來。

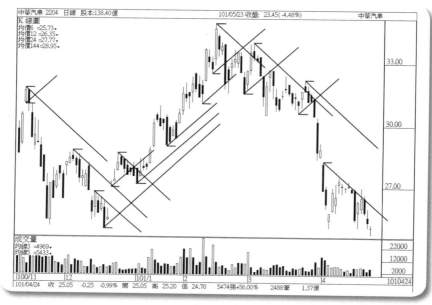

圖（9-18）

上圖是中華汽車的日線圖。

一、可利用45度線的畫線技巧畫標準畫法與精緻畫法，畫上升或下降45度線。

二、每一小波段的高點，皆可畫下降45度線，觀察其突破的買點。

三、每一小波段的低點，皆可畫上升45度線，觀察其跌破的賣點或空點。

四、注意橫盤的判定與畫法，並用虛線框起來。

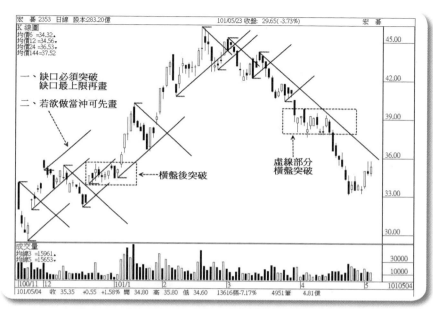

圖（9-19）

上圖是宏碁的日線圖。

一、可利用45度線的畫線技巧畫標準畫法與精緻畫法，
　　畫上升或下降45度線。

二、每一小波段的高點，皆可畫下降45度線，觀察其突
　　破的買點。

三、每一小波段的低點，皆可畫上升45度線，觀察其跌
　　破的賣點或空點。

四、注意橫盤的判定與畫法，並用虛線框起來。

圖（9-20）

上圖是廣宇的日線圖。

一、可利用45度線的畫線技巧畫標準畫法與精緻畫法，畫上升或下降45度線。

二、每一小波段的高點，皆可畫下降45度線，觀察其突破的買點。

三、每一小波段的低點，皆可畫上升45度線，觀察其跌破的賣點或空點。

四、注意橫盤的判定與畫法，並用虛線框起來。

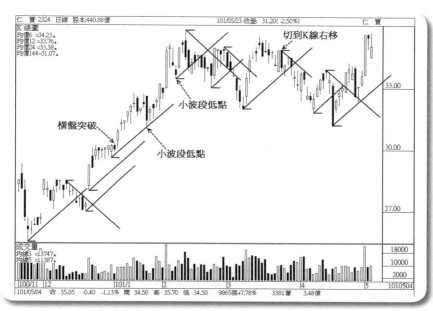

圖（9-21）

上圖是仁寶的日線圖。

一、可利用45度線的畫線技巧畫標準畫法與精緻畫法，
　　畫上升或下降45度線。

二、每一小波段的高點，皆可畫下降45度線，觀察其突
　　破的買點。

三、每一小波段的低點，皆可畫上升45度線，觀察其跌
　　破的賣點或空點。

四、注意橫盤的判定與畫法，並用虛線框起來。

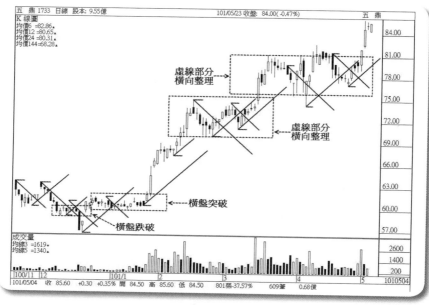

圖（9-22）

上圖是五鼎的日線圖。

一、可利用45度線的畫線技巧畫標準畫法與精緻畫法，畫上升或下降45度線。

二、每一小波段的高點，皆可畫下降45度線，觀察其突破的買點。

三、每一小波段的低點，皆可畫上升45度線，觀察其跌破的賣點或空點。

四、注意橫盤的判定與畫法，並用虛線框起來。

　　各位讀者大人您自己畫的45度線與筆者的比對有何不同？若有不同可思考原因何在？有幾個重點再次提醒。

一、畫線的技巧盡量以不要切到K線為原則。

二、跳空上漲的缺口應觀察1～3天必須突破此缺口的最上限，再加畫45度線。但是想做當沖的朋友在出現缺口的當天就可加畫45度線。

三、跳空下跌的缺口應觀察1～3天必須跌破此缺口的最下限，再加畫45度線。但是想做當沖朋友在出現缺口的當天就可加畫45度線。

四、整理盤的判定：突破下降45度線，但未突破前一波的高點。跌破上升45度線，但未跌破前一波的低點，就可判定是整理盤。可用虛線框起來。

　　為了讓本書讀者能多多練習畫45度線，筆者再準備了12張K線圖，涵蓋了18大類股的個股。讀者可好好練習畫45度線必能體會45度線寶王的箇中三昧。

　　筆者準備了12檔個股的K線圖，讀者可在書上直接畫45度線，並觀察其買賣點，若有問題可傳真您畫的圖表，大家一起切磋交流。

一、泰山：如圖（9-23）所示，可自行用標準畫法與精緻畫法練習畫45度線。

二、東聯：如圖（9-24）所示，可自行用標準畫法與精緻畫法練習畫45度線。

三、台玻：如圖（9-25）所示，可自行用標準畫法與精緻畫法練習畫45度線。

四、中化：如圖（9-26）所示，可自行用標準畫法與精緻畫法練習畫45度線。

五、士紙：如圖（9-27）所示，可自行用標準畫法與精緻畫法練習畫45度線。

六、中鋼：如圖（9-28）所示，可自行用標準畫法與精緻畫法練習畫45度線。

七、建大：如圖（9-29）所示，可自行用標準畫法與精緻畫法練習畫45度線。

八、華固：如圖（9-30）所示，可自行用標準畫法與精緻畫法練習畫45度線。

九、華航：如圖（9-31）所示，可自行用標準畫法與精緻畫法練習畫45度線。

十、國賓：如圖（9-32）所示，可自行用標準畫法與精緻畫法練習畫45度線。

十一、遠百：如圖（9-33）所示，可自行用標準畫法與
　　　精緻畫法練習畫45度線。

十二、台肥：如圖（9-34）所示，可自行用標準畫法與
　　　精緻畫法練習畫45度線。

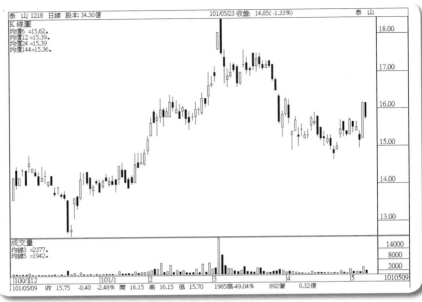

圖（9-23）

上圖是泰山的日線圖。

一、讀者可自行在K線圖上畫45度線。

二、除了畫45度線也可判定漲、跌、盤的轉折點。

三、並觀察突破或跌破45度線的買賣點。

圖（9-24）

上圖是東聯的日線圖。

一、讀者可自行在K線圖上畫45度線。

二、除了畫45度線也可判定漲、跌、盤的轉折點。

三、並觀察突破或跌破45度線的買賣點。

圖（9-25）

上圖是台玻的日線圖。

一、讀者可自行在K線圖上畫45度線。

二、除了畫45度線也可判定漲、跌、盤的轉折點。

三、並觀察突破或跌破45度線的買賣點。

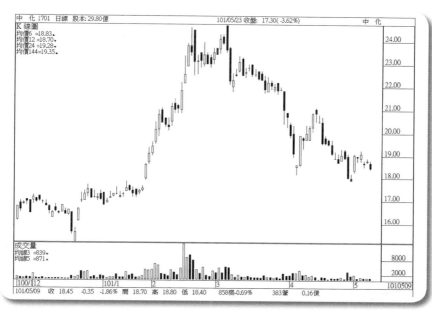

圖（9-26）

上圖是中化的日線圖。

一、讀者可自行在K線圖上畫45度線。

二、除了畫45度線也可判定漲、跌、盤的轉折點。

三、並觀察突破或跌破45度線的買賣點。

圖（9-27）

上圖是士紙的日線圖。

一、讀者可自行在K線圖上畫45度線。

二、除了畫45度線也可判定漲、跌、盤的轉折點。

三、並觀察突破或跌破45度線的買賣點。

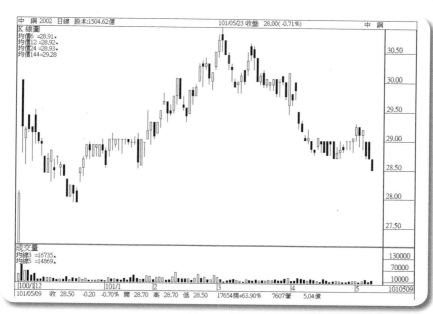

圖（9-28）

上圖是中鋼的日線圖。

一、讀者可自行在K線圖上畫45度線。

二、除了畫45度線也可判定漲、跌、盤的轉折點。

三、並觀察突破或跌破45度線的買賣點。

圖（9-29）

上圖是建大的日線圖。

一、讀者可自行在K線圖上畫45度線。

二、除了畫45度線也可判定漲、跌、盤的轉折點。

三、並觀察突破或跌破45度線的買賣點。

圖（9-30）

上圖是華固的日線圖。

一、讀者可自行在K線圖上畫45度線。

二、除了畫45度線也可判定漲、跌、盤的轉折點。

三、並觀察突破或跌破45度線的買賣點。

圖（9-31）

上圖是華航的日線圖。

一、讀者可自行在K線圖上畫45度線。

二、除了畫45度線也可判定漲、跌、盤的轉折點。

三、並觀察突破或跌破45度線的買賣點。

圖（9-32）

上圖是國賓的日線圖。

一、讀者可自行在K線圖上畫45度線。

二、除了畫45度線也可判定漲、跌、盤的轉折點。

三、並觀察突破或跌破45度線的買賣點。

圖（9-33）

上圖是遠百的日線圖。

一、讀者可自行在K線圖上畫45度線。

二、除了畫45度線也可判定漲、跌、盤的轉折點。

三、並觀察突破或跌破45度線的買賣點。

圖（9-34）

上圖是台肥的日線圖。

一、讀者可自行在K線圖上畫45度線。

二、除了畫45度線也可判定漲、跌、盤的轉折點。

三、並觀察突破或跌破45度線的買賣點。

前面列舉的近20檔個股習作不知讀者練習畫45度線有何感想？初學者一定會覺得很難畫，主因是尚未熟練，勤能補拙。一定要多練習才能體會45度線的妙用。這好比看盤技巧，一定要天天看盤才會有敏銳的「盤感」。尤其是操作期貨指數的朋友，當您看1分鐘線或5分鐘的盤，是否能看出當日指數的高點或低點？若能看出今日的高點已經出現，指數不可再創新高時，就可伺機短空，反之當您看出今日的低點已經出現，指數不可能再創低時，就可伺機短多。當日或許就有數十點的利潤。

在《期權賺很大》書中我們設定了看盤的三、六、九法則，亦就是三原則、六口訣、九重點非常好用。筆者曾經應學員的邀請在台北與台南開過兩次看盤訓練班效果很好。很多學員當場頓悟，操作期貨的功力跳躍性的大增。就連國外的期貨指數亦操作自如。

45度線比較不適於分線，但對日線、週線、月線的成功率非常高。本書出版將是坊間唯一討論45度線的專用書。期望讀者多看幾次，更重要的是多練習畫45度線。本書的封面「45度」特別設計「黃金」色。祝福購買本書的投資朋友能金光閃閃、荷包滿滿。

學員感性分享

努力研讀陳老師著作等同脫胎換骨

進入股市，無非就是想增加個人財富，財富增加是大家一致性的夢想。問題是：讓夢想真實性上演？或者依舊掛在遙遠天邊的〞夢想〞呢？端看個人的功力，策略以及運用而定。怎樣訓練自己的功力，建立策略，加上運用呢？

平易近人的陳霖老師寫的四本書裡面都有。《股市三寶》、《10倍數操盤法》、《期權賺很大》、《K線實戰秘笈》。將這四本書仔細努力研讀背誦，再兩相比較下會發現比未讀過前的自己，等同"脫胎換骨"一般，功力大增，作單的心臟變強壯，思緒好似追上林義傑的極地長征般信心滿滿，這就是學習老師的思維，能少走許多冤枉路的福氣。

僅上一堂課許多盲點就豁然開朗

記得上陳霖老師期貨課程(一)，當時內心好震撼，對老師的感覺"驚為天人"，想說怎麼有人那麼厲害，一堂課3個小時就將股市幾乎道盡，當時我有許多盲點在那一堂課整個豁然開朗，一一歸納………所以個人強力推薦老師期貨課程(一)(二)..上過這兩堂課之後，將來不管運用在哪種衍生性金融商品，都讓人終生受用無窮!!

欣喜陳霖老師出版第五本書《45度線獲利秘訣》更優更經典，因為老師將45度封號"寶王"，"寶王既出，誰與爭鋒！"學員殷殷期盼此書問世，造福股市人。

台北學員zin chen

以簡馭繁的45度線

　　從事產業投資多年，一直以來都是重視基本面甚於一切，大部分時候會從總體經濟面下手，先判斷大環境景氣好壞，再看產業興衰，最後再檢視個別公司優劣，從而進行投資決策。其中牽涉到對產業、技術、產品與市場的分析與評估，以及對公司經營績效與發展遠景的判斷。這樣的評估與分析固然可以做為長期投資的參考，但是應用在股票市場上卻常常面臨進退失據的窘境，特別是在短線上面的股價表現。

　　歸納其原因不外乎是產業分析與公司經營動態實在不容易做到完全掌握，往往失之毫釐差之千里，何況訊息的發生與股價反應經常有落差，一般投資人訊息管道較少，不容易依此獲利。所幸還有技術分析可以做為投資決策的參考，如果能夠從技術分析去切入，也許能夠彌補此一缺憾，從而輔助投資決策，使投資準度提升，也能避開不必要的震盪與風險。

老師的分析方法自成一家

　　目前市面上各種股票與期貨的分析技術五花八門，讓人覺得眼花撩亂，無所適從。然而陳霖老師股市三寶的分析方法是綜合各家所長，再加上其個人經驗累積所得，包含盤勢的判斷與選股設價的方法等等，自成一家，條理分明，而且簡單易學而實用。有緣得蒙陳霖老

師指導，個人從中學習獲益不少。對於想要學習技術分析操作股票的投資人而言，實在是難得的瑰寶。

其中尤其以45度線的分析方法堪稱一絕，此法未見於其他，為陳霖老師所獨創，簡單實用易上手又有效率，值得投資人好好鑽研。能夠以一根45度線判定大盤趨勢與個股走向，一線定多空，一線知盤勢，實現了投資操作以簡馭繁的精神。不需要複雜的分析工具，只需要一條45度線畫上去，堪稱神奇之線。當然其究極奧義乃陳霖老師多年研究心得所薈萃而成，此法雖簡，義理卻深，需要詳讀老師著作才能一窺堂奧，願有緣投資人皆有機會研習此一以簡馭繁的神奇之線，並從中獲益。

台北學員 黃寬模 2012. 5. 12.

先模擬再實戰，可提高勝率

　　請問陳霖老師：禮拜一還會再跌？這裡是不是底部？大哉問也。當天課堂中不斷的提問老師，可見同學肩上重擔有多重，心中煎熬有多久。在會場中陳霖老師一定會有精闢的解盤，均線、K棒、45度線，清楚明瞭，口袋又拿出「領先指標」、「量價關係」。會場中學員來賓雖可深深體會但並未完全領悟。又是股票、期貨選擇權筆記都來不及記何況腦袋更記不住。因此錯失某些重點。這是投資者初涉及技術分析的現象。我在十年前SARS戴口罩上課，每每昏頭轉向，台北場次都是下午課，幾乎快入夢 。

　　老師不辭辛苦，同學更應把握機會，不懂一定要問，互動中才不易分心。同學常稱讚老師真的很有耐心回答，而且越教越清楚。金融財經操作是需要正確的方法，上課學習可是必要的。否則大家都參加投顧，世上大家都成巨富了。若投資人經常大賺大賠，不明就裡那是賭局不是投資。

本人剛剛學習操作期指的時候，摸擬單先做20筆，至少省下3～5萬賠錢機會與手續費，或實做記錄累積20筆失敗，並檢討失敗原因至少有一打錯誤相同，再改進缺點後很有效。

研讀老師的相關著作，肯定有很大的助益

　　操作股票成功的機率在於資金控管15%，消息面影響30%，技術功力40%…。當然參加陳霖老師的課程和免費演講會。若消息面誤判，相乘效果是減60%（虧兩倍）如果還重押，你不大賠才怪。良好的操作習慣最好不輕信消息才不易出大錯。因為我們仍有70%以上的勝率。期指技術面更具影響力，選擇權老師更有自救策略，反敗為勝（退而求小敗）。

　　記得有一次和數位學長餐敘中得知，原來諸位先進都拜過很多大師，不過還是陳霖老師教導非常貼切實用。只要同學踏實學習，必能受益良多，人生黑白轉成彩色了。

台北學員 方宇安

收集→成功捷徑

在上陳霖老師課程以前，我上過很多理財課程，從房地產（槓桿使用）、黃金白銀（世界真正的金錢遊戲）到高階財商課程（企業家創業、銷售），並高階財商課程學習到收集威力。如果要在某個領域成為專家，無論是醫生、飛機駕駛員、銷售員....等等各行各業，只要透過收集該領域相關知識，你就是此領域的專家。

因此在眾多的理財工具當中，我決定成為股票市場的專家，運用股票市場來使用金錢戰場，並開始閱讀並收集股票期貨相關知識，但還是在股票市場中跌跌撞撞的，總是覺得好像缺少了些什麼關鍵點，好像是書上沒有說或是不能說的關鍵。

《期權賺很大》打開我心中的關鍵點

直到我閱讀到陳霖老師著《期權賺很大》一書才把我心中最後的關鍵點打開，雖然這本書對新手而言稍難一點，但卻是很實用，是一本很值得收藏並具有教育的等級書籍。

在高階理財課程當中，收集知識的後半段動作是淬取，就是從收集來的心得或方法從中找到屬於自己的投資心法。股神巴菲特著「雪球」中：「巴菲特小時後喜歡收集瓶蓋，巴菲特在打工送報的工作當中，發現很多

家庭都有可口可樂瓶蓋，於是巴菲特在送報當中順便兜售可口可樂，取得當中的價差」收集-->瓶蓋 淬取--->可樂需求。

從股市的肥鮪魚變成小鯊魚

為了認識陳霖老師，也為了更佳精進自己的技術分析，就參加老師所有課程。讓我非常驚訝的是陳霖老師不僅僅只有教育學員，甚至幫學員淬取出完整心法，由其是搭配45度線戰法，可以讓我從股市中的肥鮪魚變成股市小鯊魚，由其就單單45度線就讓我受用無窮。

也因此陳霖老師特別為「45度線」的用法寫一本精緻專用書《45度線獲利秘訣》。若能熟練45度線戰法下一隻鯊魚可能就是你。

這是我收集股票知識當中最好使用的技術分析。

桃園學員 陳榮進

股市三寶、領先指標為判斷盤勢與進出場的最佳利器

「跟著感覺走」是我們5年級生耳熟能詳的一首歌，但股票、期貨的操作可不是如此。盤勢、趨勢怎麼走，都是有跡可循的，不管是基本面、消息面，最後反映在盤面上並且可供統整、分析、歸納、判讀、學習的資料，就是技術面。陳霖老師的課程，精闢充實，講的完全是技術層面的內容，經由有系統的整理、深入淺出的解說、配合朗朗上口的口訣，加深學員們的印象，同時自創股市三寶、領先指標等判斷盤勢與進出場的最佳利器；再者，「不斷的重覆是最好的學習」，研習第二次以後的課程僅需繳交少許的場地費，老師無私的鼓勵學員們不斷學習，無疑是散戶朋友們的活菩薩。

上了老師的課戶頭裡的數字開始止跌回升

聆聽老師的課程已進入第三輪，每次的學習都有不同的心得，老師每堂課的盤勢解析、預測趨勢都讓學員們操作起來相當安心與放心，難怪許多學員們跟著老師全省跑透透，其來有自。後學投入股市前後已近10年，總是賠多賺少，參加投顧會員、使用程式交易、修習技術分析課程全都嘗試過，不但未見起色，反而履戰履敗，最後因緣際會上了老師的課，戶頭裡的數字才開始

「止跌」，現在正處於「回升」階段。歸究其原因只有一個，就是沒有找到正確的方法，或者說是沒有找到適合自已的方法，繞了一大圈，最後才在陳霖大師這裡「歸依」。

天龍八部戰無不勝攻無不克

綜觀老師的課程內容，後學斗膽的將之區分為八大單元（簡稱天龍八部），概以股市三寶、領先指標、量價關係、K線型態、及三原則、六口訣、九重點，最後就是停損停利的不二法則。以此天龍八部行之「股林」，資質中下者足以應付盤勢變化、資質中上者將戰無不勝、攻無不克，並將這天龍八部分述於《10倍數操盤法》、《股市三寶》、《期權賺很大》等書，我等股林中人倘多加修習，他日必有財富倍增的一天。

今日，欣聞老師即將針對股市三寶中的寶王 — 45度線出版專書《45度線獲利秘訣》，並找後學分享學習心得，實感莫大榮幸。45度線既稱之為寶王，必有其獨特之處，除了可做為研判漲跌盤的工具外，還可據以操作期指、選擇權等衍生性商品，相信此書必將成為拯救沉淪於股海的投資朋友們的葵花寶典，「不需自宮，也可成功」。最後衷心地祝福老師與師母身體健康，平安喜樂，所有的股友們都能找到自已成功的方法。

桃園學員 楊過

股票考驗人性的弱點

在股市浮浮沈沈數十載，回想過去總是追高殺低、聽信明牌，要不就是將獲利持續的股票賣出，死抱虧損跌一大段股票，檢視手中持股，幾乎皆是賠錢。一直想攤平，但愈攤愈平，搞得工作與生活秩序大亂、無心工作。心想需找適合自己的方法學習技術分析，自己掌控，漲跌可在心中有定數。在偶然機會遇到陳霖老師，剛開始聽其免費演講，由淺入深，將一般投資大眾所易犯的錯誤點選出來，心中恍然大悟。覺得老師所說內容淺顯易懂，與自己心中想學的操作技術很吻合，所以就加入陳老師行列。學習至今已二、三年，原本虧損的股票，也在這幾年漸漸減少，戶頭的錢也慢慢累積中，對老師所教授的技巧，自己不斷在印證，也與老師討論，從中將觀念導正，很感謝老師不厭其煩的教導，股票是在考驗人性的弱點，如何克服就需靠技術與經驗，在一般人會覺得如此高深的操作技術學不來，其實一點也不。在陳老師教導下會讓人愈學愈有興趣，也從中學習很多技術觀念。

與陳霖老師學習技術快樂常在、生活自在

因股市瞬息萬變，尤其台灣股市常受到國內外的消息、政經局勢左右。此時投資者若心中無一定見，看不

懂趨勢則會隨媒體消息心裡七上八下，茶不思飯不想，心中雜亂無章，影響身體健康、家庭失和。原本投資股市是想讓收入增加、家庭過好生活，因不懂股票分析及其脈動，事與願違，得不償失。建議投資者想在股市茫茫人海中尋找一盞明燈，找陳霖老師就對了。在每次學習中，都會有不同的領悟，增加對股票的敏銳度，煩惱也會離你而去。快樂常在、生活自在。當自己的主人，未來由自己掌控，相信自己。隨陳霖老師將技術分析學好，你的人生將由黑白轉為彩色，快樂常在。也祝福老師的出書熱賣，造福更多投資大眾。謝謝！

桃園 陳先生

45度線有如一支神奇的釣竿

　　股海茫茫有如海底撈針，有時歡喜有時愁。對我而言股市就好比一扇門，而這扇門在每一個時間點都需要一把有用的鑰匙才能將這扇門正確的開啟。

　　經友人的介紹我認識了陳霖老師，自從我上了陳老師的《股市三寶》、《期權賺很大》及「量價關係」的課，也使我在看盤中排除了很多迷惑，再這當中讓我感觸最深的就是股市三寶中的「寶王45度線」。45度線在操作上不但可以極大化也可以極小化有如一支神奇的釣竿可讓我釣到大魚也可以讓我釣到小魚，最重要也可以讓我知道當線斷了該如何應對。

　　然而45度線的精隨可以讓我知道市場目前的方向，它也可以用來選股跟控管資金不至於做出錯誤的判斷。在搭配陳霖老師所教導的「量價關係」、「股市三寶」與「10倍數操盤法」加以運用可使你在操作上面降低風險獲利大增。也讓我在股市當中找到了一把正確的鑰匙。

桃園學員　小楊

感謝您 陳霖老師

　　自公家機關退休整整十年，退休後，投資理財中期權股操作是我生涯規劃中的一部分，因此跟隨許多股市名師學習技術分析，繳交不少學費，非常努力學習與潛心研究，雖不易賠錢能小賺，但還不甚滿意。在操盤系統中，總會出現一些盲點，感覺無法再突破，也深深體會到不同老師們有他專精的一面，也有不足與缺失處，且具濃厚的本位主義，在股海無涯的技術領域，不易跳脫更精深的技術範疇，這正是一般在市場上跟隨老師買股票的散戶們的宿命。

《期權賺很大》堪稱期權聖經

　　九十九年底有機會參加陳霖老師免費課程後，發現陳老師上課內容與其他老師不同，當下，買下老師的書－《10倍數操盤法》、《股市三寶》、《期權賺很大》等三本著作。返家後詳讀，深覺內容詳實有系統且深入，能面面俱備，獲益良多，尤其《期權賺很大》，真是一本好書，堪稱期權聖經，更讓我頓悟，祛除許多不良習性與盲點，而且書中許多內容就是我要的，彌補不足與缺失，更解決我苦於找不到傳授操作期指、選擇權好老師的苦惱。爾後參加老師的期權班、股票班的課程，經過老師有系統且深入淺出的優質傳授，特別專注聆聽於閱讀書本時的疑惑，且不時發問等，竟收事半功倍的效果，也深深體會老師是一位具菩薩心腸的好老

師。不像許多以利為先的老師。參加老師的股票班、期權班學費低廉且可免費重回複訓，同時每周三、五的網路解盤，提供學員的技術傳承，不僅是盤勢的明燈且具教學內容，讓我們持續學習與成長精進及實戰功力的提升。

觀念與方法是股海中成功賺錢的關鍵

陳老師的技術分析課程與著作中，絕對可以傳授給我們正確的觀念及好方法。其中最精隨的部份是要我們裝入三個口袋的「股市之寶」、「領先指標」、「量價關係」等詳實詮釋與解說，這是陳老師獨到的見解，我都牢記腦中，融會貫通，與即有的新三價線、轉折價、Ｋ線戰法…等技術分析，融貫一體成為我的操作系統，對於股市方向一趨勢，高低點轉折等可充分掌握，喜歡操作期權為主的我，不但概念清楚，信心十足，而且十拿九穩。

欣聞老師又將出新書《45線度獲利秘訣》，借小小的篇幅，表達心得與最誠摯的謝意，也願與有緣的股海同好，現身說法，分享學習陳老師的技術課程與心得，及目前操盤功力的提升。進入股市你準備好沒？要賺錢是給準備好的人，有好方法及正確觀念縱橫股海，才能得心應手，才能成為吃得飽，睡得好，沒煩惱的快樂投資人。再次感謝陳老師及師母！

新竹學員 楊先生

博大精深的投資策略

參加陳霖老師的股票期權課程已近兩年，每次回來複訓，總是會有獲益良多的感覺，對老師孜孜不倦的教學精神，實是既欽佩又感謝。

陳老師課程及著作最大的特色，即在於把繁複的股市操作技巧化為淺顯易懂的口訣，讓學員可以快速了解其方法。如股市三寶、三個口袋理論、股票操作SOP、選股六口訣等，在在都透露老師化簡為繁、深入淺出的特色與風格。

所謂天下文章一大抄，市面上有關股市操作的著作，內容多半大同小異，鮮少能有獨到的見解。陳老師著作的內容則不然，其基本理論「股市三寶」便已石破天驚，發前人所未發。其餘如四個領先指標、鴨嘴理論、六口訣、九重點等，亦是獨闢蹊徑，見解精湛。實際印證於股市，每每讓人有意想不到的收穫。

有人說，富人與窮人的財富差距，主要來自於理財觀念的不同。如果陳老師的著作及授課內容僅限於判斷股市漲跌盤，則其理念只不過是一套傑出的操作指標，尚不足成為完整的投資策略。實際上，老師在課程中一再提及資金管控、嚴守紀律及「敢買肯賣，不怕錯、只怕拖。」的操作觀念，足見老師對正確投資心態的重視。操作指標不可能有百分之百的準確度，有良好的投

資心態及適當的資金管控，才能夠在投資領域立於不敗之地。

眾裡尋他千百度驀然回首那人卻在燈火闌珊處

王國維提到古今成大事業、大學問，必經過三種境界，其中第三境界為「眾裡尋他千百度，驀然回首，那人卻在燈火闌珊處」。我在茫茫股海浮沈多年，總是找不到依循的準則。及至參加老師的課程，方才對股票操作方法有所領悟，深有在燈火闌珊處覓得伊人的喜悅之感。

近聞老師《45度線獲利秘訣》新書即將出版，在此滿懷著期待的心情，盼能再睹老師的大作。老師稟持著無私的精神，再次將投資心得分享讀者，想必又能讓投資大眾受用不盡。

學員　Gordon於新竹

習得一身股市看盤技巧避開不必要的損失

　　本人在報名參加陳霖老師的課程，是一個完完全全一點都不懂的入門學生。有一次無聊去股市看我太太玩股票，心想這是一個有利可圖的區塊。但一定要有竅門和熟練的技巧才可獲勝，我一向不打沒有把握的戰爭，尤其股市真的是坑人無底，殺人不見血的戰場。想賺錢還真不是那麼簡單，於是問了我太太那裡有教學，我太太說認識兩位高手蠻厲害，可以向他們請教，於是我問他們賺多少，回答是賠錢啦！我對老婆說：那我們向他學，不就是陪他們一起輸囉！瞎子牽瞎子跌一堆。

老師精湛獨到的教學真是挖不完的寶藏

　　於是我堅決要找一位實質又專業的老師學習，運氣真好，過了兩星期，陳霖老師來新竹開課，我馬上和老婆報名參加這個難得的課程，只要老師有來新竹，我決不錯過機會，甚至還跨縣市參加老師的課程，如今已習得一身股市看盤技巧，雖然不敢說桌上取柑（台語俗諺）。能避開不必要的損失。

　　回想起初次參加老師的課程時，老師在課堂中說，參加股票課程有三種人，一是邊學邊做，二是股市失利才來學，三是完全不懂沒碰過股票的人未操作先學習。老師又補充一句說第三項那種人應該沒有，偏偏我就是

那第三類的怪胎，在入門學習時我連最基本的一支K棒都不懂，學習有夠吃力，好家在，老師講解很用心又詳細，我非常感謝陳霖老師精湛獨到的教學，更難得的是老師將畢生股市經驗及心血不藏私的公開在四本書上，讓我們易學易懂，真是挖不完的寶藏。

現在老師又要掏出心肝寶貝45度線的寶王，大家非常期待，我們一起耐心等待吧！也是股友的一大福音。

給新同學一句話，要實戰才有經驗，但不能戀戰，學習走路也是跨出第一步才開始，大家共同打拼。

新竹 葉日榮

新竹學員

新竹學員

戲臺下站久就是您的

老師好：

又有新書要出版，先感謝老師的用心，讓大家有機會學到老師的經驗及過程，否則無師自通要走很多白忙一場的路，大家有眼福啦！

玩股票的同學要注意量是做出來的，價是用金錢堆上來的，相信大家都能認同這一點。看到量價同時表態時，就要多關愛它。玩期貨的要對量價更敏感，看到您心裡的價位到了要勇敢去做，會聽到它在告訴您快下單有錢賺，您的勇氣要有，膽識要大。

這就是股票會說話，不是神話，也不是笑話，只是您能感受得到嗎？所以答案很簡單，只要陳霖老師有來上課，每課必到，不要用「學過」的心態，也許學過就是學了就過去。除非您是金頭腦，或是天才，聽一遍就會。還要用對工具，兵來將擋，水來土掩，否則也是白忙一場。

最後希望大家踴躍上課，讓老師租大禮堂，也大爆滿，因為戲臺下站久就是您的，那時您就聽到股票會說話，不是神話了。

投資自己就是置產，買書是智者，不要等人送書（輸）。在此大家等著新書《45度線獲利秘訣》出爐，熱哄哄先睹為快，搶著買，讓新書一刷再刷，刷刷刷口袋滿滿。

願大家也是在股市中刷刷刷的把口袋裝滿滿，天天開心！！

新竹 羅玉珍 敬筆

股海揚帆到彼岸

　　記得30幾年前，有本著作書名是：汪洋中的一條船，作者是鄭豐喜先生。

　　我借用他的書，來表述三年前我這艘船在茫茫股海裡沒有方向、沒有舵手、沒有帆之心路歷程。

　　之前在號子裡常與朋友同進退，有時歡樂有時愁。為什麼樂？大漲。為什麼愁？大跌。再問為什麼？常講不出所以然，問朋友，給的答案自己一知半解，再追問朋友，聽了只是讓自己更茫然。常為了要突破內心的疑問買了書籍閱讀，然而疑問並不因閱讀而明瞭，答案卻多在實戰的失敗裡領悟。是教訓也是經驗，但卻重複的發生。常聽人講股市裡沒有專家，只有贏家。我連這最基本「但求不輸」的條件都沒有，又如何能在這波濤的汪洋中不滅頂呢！

參加老師的課程建立心中的舵手升起順風的帆

　　參加了陳霖老的課程，循序漸進的瞭解到股票、期貨、選擇權的基本功。在長時間金錢與實戰的淬煉當下，藉助《10倍數操盤法》、《股市三寶》、《期權賺很大》、《K線實戰秘笈》等教材及老師週而複始的巡迴上課複習，降低了失敗的次數，也改變了過往教訓變經驗而經驗又重複的夢魘。建立了心中的舵手，有了方向與依歸，在失敗與錯誤虧損減少下，慢慢升起了順風的帆。

　　古人云：給你魚吃，不如給你釣竿，教你釣魚的方法。在金錢遊戲的市場裡，沒有基本功若不藉助教材正確的方法，與老師重複不斷的複習叮嚀與分析，如何能讓自己在這遊戲中不被淘汰。淺水無大魚，股市如大海，浪潮退去後才知道誰沒有穿褲子，在波濤洶湧後卻是財富的重分配。

　　最後借用陳霖老師的一句話：股心知我心，將市場當修練道場，有一天大徹大悟後，必然可悠遊股海不勝美好。

台中學員 書國屏

股市省思

　　股市投資已7年多，剛開始就像誤入股市叢林的小白兔，處處遭受無情坑殺。期間也參加股友社及坊間不完整股票研習課程，操作仍毫無起色，小賺大賠戲碼，不斷再輪迴。自己就如同航行茫茫股海的船，缺乏一盞明燈指引，萬般無奈不知所措。這也是一般散戶宿命。

　　股市裡頭充滿危機與生機。有正確觀念，才能有良好思維，培養正確的決策能力，化危機為轉機。因緣際會，在書局拜讀老師醍醐灌頂著作《股市三寶》、《10倍數操盤法》，如獲至寶，恍然有所頓悟。以前股票做不好，就是缺乏善知識指引，股票基本功夫不扎實，導致在股海浮浮沉沉，一無所獲。

複製賺錢DNA達到成功彼岸

　　俗云：股市像一座金山、銀山，有能力者任您搬，如具有股市善知識，要複製另一賺錢DNA並不難。陳霖老師就是股市一位善知識傳播者，不斷全省巡迴上課（加持），每周三、五於網路精準解盤，讓每位學員對技術分析領域能有更深體悟。期間陸續推出著作（善知識），讓我們在股市裡心靈有所寄託，心中無罣礙，無有恐怖，遠離賠錢夢魘，到達賺錢成功彼岸。

　　參加老師全省巡迴上課已4年多，課堂裡老師以口

語化 ，化繁為簡，把「股市三寶」、「領先指標」、「量價關係」，以自己數十年實戰經驗，歸納成一套有系統操作模式，細膩精闢傾囊相授。每上完一次循環課程，對於看盤技巧，心中總有勇猛精進的感覺。尤其45度線，讓我在選擇權操作上獲益良多，運用股票操作皆能趨吉避凶，屢試不爽。接著老師相繼推出《期權賺很大》、《K線實戰秘笈》，更嘉惠每位學員及有緣讀者，在技術分析領域裡更上一層樓。欣聞老師

　　《45度線獲利秘訣》鉅著即將問世，又將是另一次福報降臨，有緣者當把握此機緣，必能再把45度線運用精隨，發揮淋漓盡致。在此感恩陳霖老師辛勞，祝新書銷售一路長紅。

三千萬互勉

　　第一個千萬：要把「領先指標」、「股市三寶」、「量價關係」，牢記在心裡。

第二個千萬：建立SOP成功法則

1.判定漲、跌、盤，並預測壓力與支撐。

2.選股、換股、設價。

3.執行停損、停利。

第三個千萬：以上兩個千萬，一定要做到。秉持「信、願、行」意念，創造更多的千萬。

台中學員　FRANK 敬上

股海裡真有明燈

聽到老師說要我寫一篇分享的話語，當下真是既驚又喜，驚的是承蒙老師不嫌棄真是讓學生我深感惶恐，但喜的是那就表示老師又有新書即將問世了。

「股有量價勢，勢有漲跌盤。」用這樣簡單的十個字作為本段的開場白實在一點都不為過。簡短的十個字卻能道盡千變萬化的股海，配合老師經常耳提面命的SOP操作紀律，其實你會發現原來股海裡是真有明燈的。因緣際會中透過友人的推薦得知陳老師即將在中區開課，久聞陳老師的技術分析，不加思索的便報名參加上課。

陳老師課堂中要學生口袋裡裝三個錦囊：

一、**領先指標：**包含了線型與技術指標，顧名思義這些神奇的指標具有「領先」發現比別人早判斷出高低轉折的位置，有了這些技術在身還怕買不到相對低，賣不到相對高嗎？

二、**股市三寶：**可用來判斷趨勢是趨漲、盤整或是跌勢，簡單的幾條線搭配運用後竟能輕鬆自在的悠游股海順勢操作無往不利。

三、**量價關係：**新手看價，老手看量而專家看的是籌碼，沒錯陳老師的四種量價關係鉅細靡遺的把浩瀚股海裡潛伏的可能漩渦一一給點了出來，讓你可以免於市場的坑殺。

老師的課程可內化成自己的一套技術分析

古有明訓，失敗的人找藉口，成功的人會懂得找方法，而投資自己就是最好的方法，誠如老師講的把這三

個錦囊裝在腦袋，自然就可以輕鬆把錢裝進口袋。陳老師的課程深入淺出綜觀量價關係，洞悉主力操盤心法，研判漲跌盤高低轉折，更重要的是陳老師卻可以把這些看似複雜的線圖，技術指標，K棒…在反覆上課的過程中讓你內化成為自己的一套技術分析，學員中不乏有人專精線圖做波段操作也有人利用領先指標抓出相對高低轉折來對付高槓桿的期權市場，甚至有些人更可以活用老師的技術分析將之發揚光大操作國外的商品期貨且從中獲取超額的利潤。這樣的例子我想在老師的學員中不勝枚舉。

當然技術分析並不是百分之百的，所以課堂中老師也會傳授反向自保或是嚴守停損紀律及資金控管的操作心態，讓一般投資大眾不致於在市場遭受重大損失。此外老師的網站也提供學員一個分享討論的平台，陳老師也會定期在技術傳承中發表盤後見解與未來趨勢的看法供學員參考。投資自己現在回想起來確實是件十分睿智的選擇，尤其陳老師不藏私且不厭其煩的在課堂中與學員間的互動也讓我印象深刻。

適逢陳老師的新書發表，正是闡述股市三寶中的「寶王45度線」，我想投資的普羅大眾有福了，單單這一條45度線看似簡單卻藏有很多市場的奧妙在裡頭。我也已經等不及要一睹為快了，希望你我都能在這市場中站穩腳步準備迎向屬於自己財務自由的一刻！

陳老師的書籍幾乎都是經過市場大眾風風雨雨的考驗再考驗的，一版再版三版，一套深入淺出的技術分析既然可已經得起殘酷市場的考驗。最後，也祝福陳老師這次的新書發表順利圓滿並再次造福投資大眾！謝謝！

台中學員 志豪

好老師所該俱備的10種條件

良師益友

一個在股市當中，好的老師所該俱備的10種條件：

一、他能夠解決自己所遇的問題，也能夠幫人家解決心中的問題。

二、對於操作上有一定的順序，不會看漲說漲，看跌說跌。

三、他能告訴學員，什麼時候該做什麼？什麼時候不該做什麼？

四、他能告訴你，心態與觀念的建立，能夠真正抉擇事情的真相。

五、他在教學的時候，能夠很善巧的幫助學生，觸類旁通。

六、他所教的內容不會互相抵觸，而且正確通達無礙。

七、他有良好的品德，不受外在的影響。

八、他要有悲憫的心，內心的動機純正。

九、他自己精進，也能幫助別人精進。

十、不厭其煩的教導別人。

跟著老師學習的確有明顯的進步

認識陳霖老師，差不多有10個年頭，起初嘉義班的課程，一年大約一次，當時我只上股票技術分析的課，

嘉義學員

後來上期貨就跑到高雄去上，當時《期權賺很大》還沒出來，上課時有發講義，並且將上課的內容錄音下來，上完課回到嘉義，再把錄音帶裡的東西，逐字逐句的抄寫下來，嘗試著去貼近陳霖老上課所講的內涵，只求能快速的理解，能夠在盤中做出正確的判斷，現在經過這幾年跟著陳霖老師的學習，的確有很明顯的進步，有上過一段時間的學員皆能深深的體會。

上陳霖老師的課是一種享受，每次看見陳老師夫婦，內心就會覺的很「歡喜」。陳老師常講：「有狀元學生，沒狀元老師」。但是「萬般知識由師出」。從這裡就能看出陳老師是一個很謙虛的人。除了股、期、權的學習外，私底下陳霖老師也教了我一些養生之道，所以我不只獲得金融市場的知識學習與技術分析，還有其它更勝的學習。

在此引用一位我所尊敬，已故的馬來西亞安麗皇冠大使陳觀田先生的話與大家分享。「強者創造機會、弱者等待機會、成功者把握機會」。

嘉義東石學員　阿三哥

工欲善其事，必先利其器！

以一本好書投資自己的腦袋，就是投資自己的口袋。現在能多再增加《45度線獲利秘訣》就能擁有陳老師整套的操盤邏輯。無論爾後的閱讀，珍藏都更臻完美。

偶而整理筆記發現遺失部份資料，很著急翻遍所有的書就是找不到，很多重點都是老師臨時以當下的盤勢比喻的，所以上課是很重要的。

每次新的課程看到有些第一次上課的同學，彷彿看到以前的我，上課很清楚、下課很模糊，似懂非懂茫然不知，問題一大堆又連發問都不會。所幸一段時間就有複習的機會，經過多次複訓，由失敗記取教訓乘勝追擊、磨練自己，又同學們接受老師的建議，由台南黃醫師熱心張羅的網聚，舉辦不定期聚會，請操盤高勝率的同學分享絕招。也因地利之便偶爾邀請老師參加分析盤勢及看盤重點…等。

陳老師亦師亦友令我受益良多。慢慢的學會建立看盤的SOP。以前看到大量、小量、都不知道該買或該賣，因為心中沒有一把尺，老師常說「量是價的先行指標」、「價是量的決行指標」，最後決定權是「價」絲毫不差。

例如5月14日大盤出現今年最低量，創最新低價，

破年初上漲缺口的上限且收十字線，真的是要徘徊十字路口，但用了老師的法寶就能淡定以對。站上高點止跌成功才能從容買進，跌破低點止跌失敗停損減碼。結果盤勢、止跌失敗又再下跌一段。

老師出版的書是心血結晶的經典之作

這次第一堂課上軌道線的聯發科講義觸及軌道下沿隔天開低走高，漲到上沿線。好像畫線給聯發科走，這是領先指標的威力。

5月7日跌破45度、5月9日K棒、均線、相繼完成下跌三寶。每週三、五老師網站都有解盤PO文與45度技術圖標準畫、精緻畫跌破當天指數有30～50點的獲利或更多，用在選擇權幾乎高勝算，常見倍數的獲利機會，不愧稱為寶王。由此可見口袋裡裝有老師的無價之寶領先指標、股市三寶、量價關係何其重要。

課堂上老師將畢生所學傾囊相授，所出版的書也是心血結晶的經典之作，這次再撰寫《45度線獲利秘訣》一書讓同學有機會拜讀，更是滿心期待新書早日發表。學好技術分析才能夠排除恐懼貪婪，也才能在這詭譎多變的市場絕處逢生，安步當車。

賽德克巴萊電影開頭說：好的獵人是懂得等待時機的！

等待 → 訊號確認 → 下單 → 獲利 → 停損

心態調整 → 尊重趨勢 → 遵守紀律

嘉義學員　MS黃

10字箴言道盡投資人心中的酸甜苦辣

　　陳霖老師又要出新書了，自從認識陳老師以後聆聽老師教導，自己學習再多技術不如一而再，再而三閱讀陳霖老師出版的書籍，皆可從繁而簡的化解千頭萬緒的思路。

　　本人因工作關係沒有多餘時間，從頭到尾聆聽陳霖老師完整的課程，只有自己詳細閱讀陳霖老師所出版的書籍，讓我體會到股海千變萬化中如何教自己堅守紀律，循賺錢軌道而行，乃是最高之指導導師，陳霖老師所著作的書藉除了傳授技術分析之外，也涵蓋投資心理學，書中的10字箴言：「敢買、肯賣、不怕錯、只怕拖」道盡了投資人心中的酸甜苦辣，如人飲水冷暖自知。相信股市的投資人皆心有戚戚焉。在此願推薦陳霖老師所出版的書籍，與大家分享共勉。

　　陳霖老師每次來嘉義市勞工育樂中心辦股市分享課程股友書友反應熱烈座無虛席。開班授課時總讓學員們感受到陳霖老師能帶來信心與自信加印在學員心中，又再重新整理學員心中凌亂的思緒，再增長增進朝賺錢的軌道而行，所謂順勢而行，緊守紀律再紀律還是紀律。最後祝福陳霖老師課程的學員們都能操作順利成功賺大錢。

嘉義市勞工育樂中心　館主 郭世農筆.

台南學員

股海盲目航行者的一盞明燈

　　自88年接觸股票投資，過程中跌跌撞撞，有賺有賠但整體而言，如同一定的定律，大多數的散戶是賠錢的，直到95年因緣際會聽了陳老師的免費課程，因工作關係並未參與老師的訓練課程而是先買了老師的著作 ─《10倍數操盤法》及《股市三寶》，先研讀後才於96年報名參加了老師的完整訓練課程。

　　對在股海中浮沉的投資朋友而言，陳老師猶如潘安再世，哦…不…應該形容為股海盲目航行者的一盞明燈、一位可以幫助你在投資路上的好老師，因其《10倍數操盤法》、《股市三寶》、《期權賺很大》、《K線實戰秘笈》等著作，都是老師對股市的研究心血與實務經驗，且都有一個特色，就是簡單、易懂、有系統、可以全部集結也可以獨立使用，就看讀者如何去選擇屬於自己的操作SOP。

想縮短自己慘賠之路惟有參加訓練課程

　　想當老師的學員，不必是志氣高、有賢能的人、也不必是有錢或是要有基礎的人，只要你有興趣，只要你有心，想在市場縮短自己慘賠之路，建議趕快報名參加訓練課程，並反覆的上課，讓自己重新學習、吸收更多正確的知識與培養第二專長，建立自己操作的SOP，不

僅能讓自己信心大增，也可以提升自己解盤能力，請不要再相信股市名嘴或是參加投顧，因為投資自己才是王道、才是上策！！

「股市三寶」是判斷大盤方向的重要工具，其中以45度線〈寶王〉最準，知道老師要特別針對三寶之王的45度線出一本書，真的很高興，等待此書的出版，一定可以讓自己對45度線的分析更具信心，增強操作的技巧與信心度。

猶記得第一次聽了老師的免費課程中，提到了567上億計劃，而此規劃經過我幾年的實務操作，真如老師所說的，此567上億計劃以選擇權的機會最大，因為其無漲跌幅限制，只要抓對方向就可獲利，利用股市三寶可以判斷大盤的趨勢，以「三原則」、「六口訣」、「九重點」外加「領先指標」與「量價關係」可以抓轉折點，我已在股海中找到了方向並且朝自己的目標前進，對理財投資有興趣的朋友們，建議一定要有自己的操作SOP，股市沒有專家，只有是贏家或輸家，歡迎你跟我一樣加入贏家的行列並且邁向成功之路！！

台南 學員　某科技公司副理　Peter Pan

熟能生巧融會貫通無往不利

　　有緣上陳老師的股票技術分析，自已感覺是福報，老師為人誠懇實在不誇張知無不言不會神秘兮兮，尤其近二十多年教學相長精心研究結果把股票精髓毫無保留著成書籍分享給後輩及同好，足具無私的精神令人感佩欽敬。說實在其對股票的複雜性能化繁為簡，僅用四堂課就可以把股票操作得出神入化值得讚賞。老師是為了節省大家的時間及金錢故濃縮成四堂課（收費每堂3000元上完四堂課後逢老師全省巡迴上課的舊生只繳200元場地費，不限次數）在我多次重複上課後再加上老師著作的書買來細研，最初小金額小量操作以實戰體驗，久而久之理論與實際相搭配熟能生巧融會貫通無往不利。

　　再依老師指示SOP操作準則切實執行，養成必要習慣成功是屬於自已的。所謂SOP準則是①判斷現在盤勢是屬於漲、跌、盤的哪一種趨勢，並預測現在支撐與壓力。而漲、跌、盤是靠股市三寶判定。即是利用K線、均線、45度線這三寶判斷股市的轉折點之後再決定投入或撤出資金的成數與最佳的進場點和出場點做為操作依據。②要學會選股設價，選股可從每天強勢股（即漲幅排行榜）去看個股的位置型態是否符合老師「技術面選股的八大指標」的條件，再決定做多或做空。③確實守紀律執行停損停利這點最難，但失敗及成功後都要檢討原因改正後，久而久之就能賠少賺多，留得青山在，不怕沒機會。

台南學員

老師教得方法簡潔易懂是精華的結晶

　　最後值得感謝老師的是市場最難懂得運用的「量價關係」，學會股市三寶（漲、跌、盤）的轉折點，與趨勢多空的判定以及K線出現量價配合的條件等等若能融會貫通，就不會不知方向。要積極去驗證量價是否配合得當？漲時量增、跌時量縮而演化成老師的量價四種關係。更要進一步了解成交量的四種變化如①遞增②遞減③遞增④遞減等所代表的意涵，就可以判斷股價漲跌的時間與幅度。至於大盤與個股的成交量如何看？最主要是依據①基本量②攻擊量再配合「價」的走勢，以「價」為決行指標。其次更要知道關鍵的K線出大量時，再判定是進貨量、出貨量、換手量或正在換手中？還有什麼是底部量、頭部量、止跌量與均量的運用套牢量的計算都要能掌握的很清楚。其次是騙線如假突破或假跌破也要能看得出來。總之老師領進門修行在個人，盼望有到處學不到東西的同好，請利用老師有開課的時段把握機會來研究。由於老師著作的幾本書都是老師智慧結晶，盼有緣人購買來研讀，特此推薦。（最後建議要操作期貨及選擇權的朋友一定要去上老師的課，因為老師教的方法簡潔易懂，此為老師最精華的結晶操作術請勿失良機。）

台南學生 W.R.S

金融投資的畫線法寶-神奇45線

國內股票市場受到歐洲國家如：希臘、西班牙、義大利等國的債務連鎖危機及股市崩跌更造成德、英、法和歐元的國際市場衝擊，甚至於和政治牽連的事情陸續正在發生中。國內卻因油電雙漲所引發的物價齊漲和證所稅政策不確定因素，在這情境下造成金融市場恐慌的陰影，股市也陸續出現下跌和不斷破底的市場。

筆者是在參加了陳霖老師「股票、期貨、選擇權」一系列的講座並且經過多次的重複講座，學會了多種指標的運用和畫線技巧加上老師在上課時的一次又一次的叮嚀，已經能在關鍵轉折依照所畫的趨勢線、軌道線、45線才能從容避開大幅的虧損，並且保留資金才能將來再度獲利的機會。

錦囊妙計讓投資人靈活應用

《45度線獲利秘訣》是陳霖老師繼「股票、期貨、選擇權、K線實戰秘笈」一系列投資寶典針對金融市場所撰寫出版的唯一專題書籍。讀者倘若購入一系列書籍仍然有所疑惑請立即參與陳霖老師「股票、期貨、選擇權」系列講座，也可邀請您親朋好友共襄盛舉。

陳霖老師針對投資人在股市遭遇的困難及疑慮彙集成「錦囊妙計」讓投資人能來靈活運用，尤其需要做好「盤前功課」及「模擬交易」直到初步階段的「模擬交易」能夠經常獲利，再進入「實際交易」階段。筆者將老師一再叮嚀投資人必須要隨時腦袋內有裝著「股市三

寶」、「領先指標」、「量價關係」，最珍貴實用的股市三寶：K棒、均線、45度線是判定漲、跌盤的不二法門，尤其寶王45度線更能精準提供我們來做判斷，更能增加獲利機會降低損失，也依下列方法做成看盤的「SOP」效果不錯想分享給各位讀者。

預測漲跌幅掌握「用看、用算、用畫」製作成盤前及盤中看盤的「SOP」，並且加上看量、設價、判趨勢進而做成「股票、期貨、選擇權」明日「壓力與支撐」做漲、跌幅預測，來做成投資標的依據，期貨設好明日「壓力與支撐」且在看盤中再依K線配合。

六口訣： 1.一口　　2.二頸　　3.三趨勢

　　　　4.四量　　5.五型　　6.六指標

十重點： 1.缺口　　2.大量　　3.騙線

　　　　4.三線合一　5.趨勢線與頸線　6.技術指標

　　　　7.多空線　　8.型態　　9.捲麻花

　　　　10.成交量與未平倉

領先指標：

1.價乖離:利用正負乖離搶短線

2.軌道線:自行繪製參考進出

3.RSI臨界值:達到時參考進出

4.技術指標背離:二次背離以上更佳

　　　《45度線獲利秘訣》是市場中唯一針對45度線各種畫線技巧及對往後行情做精確判斷，幫助投資人對各種金融商品判斷行情增加獲利的一本好書。

台南 Mr.Lin C-M

千線萬線不如45度線

　　股市中傳說著：千線萬線不如內線，然而投資業海中又有多少投資朋友能有此福報呢？以個人之見，應更改為「千線萬線不如45度線」，較為恰當務實。且遑論此線非彼線，股海漫漫長路波濤洶湧，時而驚濤駭浪，時而平坦無波（但卻是暗潮洶湧）。總言之，在潮起潮落起承轉合中，投資朋友當務實勤學習之。設若沒有習得一套優良的操作系統，在股市叢林中又該如何有能力且成功的駕馭，繼而晉升贏家行列呢。

　　依稀記得踏入股市時，第一個學到的技術就是畫線。經由朋友的指導，每天尺與筆作伴，畫上升畫下降畫天又畫地，然，卻不知箇中翹楚。對操作並無多大幫助，一度放棄。

45度線是公正不阿的判官

　　多年後何其幸運的遇見了老師，才知道原來畫線也有「SOP」畫線竟然蘊藏著這麼多學問。尤其是老師自創的45度線，是如此的神奇；精準，滿心佩服與讚嘆！！老師說：45度線是「寶王」，然我個人總稱它為公正不阿的「判官」，其因：既判漲又判跌，精緻畫是區域判官，標準畫則為「判官總司令」，客觀且正確。原來股市的漲跌祕法就藏在45度線裏。

股市三寶看似平凡易學，其實博大精深如「須彌山」，尤以45度線為首。投資朋友若能志心學習三寶，探得那三寶之真諦，早日悟得三寶真實意。再整合為成功的操作模式，祈能達：「戒定慧」（紀律/操作策略/技術分析）之境界。

　　如此在茫茫股海中將不再搖擺徬徨無助，載浮載沉。定能大放光彩，成功將不遠矣。

學員COCO

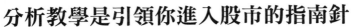
分析教學是引領你進入股市的指南針

　　股市一座石礦山，你要如何去開採？當你想要踏進登山路徑時，不妨停下來思考一下，你是否有了充分的準備，這一刻是你今生生涯選擇重要時刻。建議你先冷靜的停、看、聽，拿定主意下決定。古人說：「慢裝担，快行路。」正是你起步的最佳座右銘。知己知彼最常見的用兵指南，了解股市走向、知道何處佈下了股市的地雷，在這區塊中多少人起落沉浮，重要的是要找到一個可靠的指標來為你導航。也正如開採鑽石礦山，你的機具是否充足，你的礦脈圖是否確實，你都有了，下定決心，充滿信心去開挖，你的成功或然率是較高的。或是你福星高照，一鑽下去正如你願，這還是有不能由你掌控的機運在內。

45度線獲利秘訣帶領你進入鑽石礦脈

　　陳霖老師每次的「分析教學」，正是引領你進入股市的指南針，老師所言正是標定了鑽石礦脈確實的位置，精準的分析在老師的《10倍數操盤法》、《股市三寶》、《期權賺很大》、《K線實戰秘笈》等著作中。就說明了礦脈中你該在那下鑽，決不是模稜兩可不著邊際的說法。老師新著《45度線獲利秘訣》就正如戰場上的狙擊手，不出手則已，一出手必得。老師《45度線獲

利秘訣》這本至寶著作，用流暢口語化的說明，使線圖成為3D活化圖。顯明股市走向，以精準專業十足的把握股市脈絡明確指引上戰場的狙擊兵何時按下你的槍機，何時等待不可妄動，何時要由你狙陣地徹離。這份進能攻，退能守的寶典《45度線獲利秘訣》不只是帶領你進入鑽石礦脈的寶圖，亦便能夠標定礦脈出礦點的所在，叫人怎不心動呢？切記這本書正是你致富的指標，閃開地雷，相信只要用心分析研讀《45度線獲利秘訣》股市贏家一定是你。

高雄學員　錫娥

把握機會學習技術才會避開風險

恭禧陳霖老師又要出新書了，不但可加惠投資人亦為證券投資市場貢獻您的智慧。今年從101年3月14日的8170反轉向下至5月28日低點7186跌掉984點約近1000點，尤其是近1個月美牛問題、油電雙漲、證所稅的不確定因素干擾整個證券市場與投資環境，讓資本市場成交量萎縮市況低迷。

從初入證券市場至今，本人身歷其境均遇到：一是郭婉容事件19天的無量下跌。二是財政部長劉憶如宣佈課證所稅。本人在這二次事件都能避開下跌風險且獲益有加。均歸功於學習技術分析的效果。第一次學習技術分析是跟一位王姓老師學習「天價、地價、做手價」無量上漲上檔更高，巨量下跌下檔更深，量價期同時到頂賣出，量價期同時到底買進，就是當時的口訣。第二次學習技術分析是跟著陳霖老師學習，在學習中從未缺課，深受其益。因此得以不傷而且獲益獲利。陳霖老師的「成功葵花寶典」有三：一、學會判斷漲、跌、盤的轉折點。二、學會自行選股設價。三、守紀律執行停利停損。陳霖老師建議再準備三個口袋。一個口袋裝「股市三寶（K棒、移動平均線、45度線）」。一個口袋裝「領先指標」。一個口袋裝「量價關係」。這些都是成功法則。也都是陳老師一系列書中的精髓，希望投資大眾要投資自己，多買這些實務操作的好書閱讀。更加希望來參加陳霖老師的訓練課程，如此操作股票、期貨、選擇權的技術才會進步，請快加入我們學習的行列。時而學習之受益匪淺。

高雄黃同學

「股有量價勢，勢有漲跌盤。」打動我的心

　　第一次聽陳霖老師的免費課程。老師說股有量、價、勢，勢有漲、跌、盤10個字就可包含股市的內容，讓我內心非常震憾。回家想一想覺得老師講得很有道理。老師說只要了解量價關係就可以判斷漲、跌、盤的三種變化。只要掌握漲、跌、盤的變化就可以在漲、跌、盤的轉折點出手操作，這樣就可以提高成功率，降低失敗率。因此當日晚上我就下定決心要跟老師學技術。

　　經過幾次的上課後覺得對股市的脈動已漸漸能掌握。以前做股票好像天天在做後悔的事。現在已經漸漸不會後悔了。因為我有SOP當準則。也有股市三寶、領先指標當護身符。非常感恩老師無私的教導。現在我比較會抓買賣點，看盤技巧也提升了不少。只要被我看上的股票我就會來回操作它提高獲利績效。像這一次證所稅的風暴我就可以全身而退。若是以前一定被套。以前只會做多不會做空，現在多空操作自如。另外45度線也是老師獨創的指標它很好用。我把它當成寶，利用它來做選擇權。大部份都會賺。萬一賠了就停損。老師很貼心在新書《45度線獲利秘訣》有很多習作，初入股市的朋友可練習畫。最後我誠心的建議若要賺金融商品的錢，一定要學技術。天下沒有白吃的午餐，一份努力一分耕耘必有收獲。以前雖然也有學過別的老師的技術，但是都沒有像陳霖老師講的那麼有邏輯，有系統。深入淺出。很容易進入狀況。老師真是我的貴人，謝謝您，讓我成為快樂的投資人。

屏東　張小姐

利用一支三角尺悠遊股海脫離苦海

得知陳霖老師即將出版《45度線獲利祕訣》，實在是太棒了，老師的書，都是經典之作，股票市場上許多有在授課的老師，都不願意把他的心血出書，流傳在外，深怕洩天機似的，陳老師是我所上過股票、期貨課程，最沒有架勢的老師。陳老師的平易近人，眾所皆知，有上課的同學都這麼說。

「45度線」在《股市三寶》一書有詳述過，它是寶王，學懂45度線的用法，就可以獨當一面，來判斷漲、跌、盤 。

這本書，老師再將過去出版的股市三寶裡面最重要的「45度線」再度更加詳細的敘述，裡面的章節有如抽絲剝繭般把45度線從哪裡當起點，正確的畫出45度線，如果你不知從那落筆，有45度三角尺，也無法發揮出，它的功效，不是有一支三角尺，可以亂畫一通的。

想要利用三角尺，來畫上升及下降45度線，選擇此書就對了，因為此書是引導你進入正確的最佳途徑。書裡面的範例教學及預留在後頁的K線圖，提供我們練習畫45度線最佳的選擇，老師為我們設想的，面面俱到，花少少的小錢，購買此書，用心一點來多練習，很快的就可以利用一支三角尺，悠遊股海，脫離苦海。

屏東學員 林紫棻

千金難買早知道

還未認識陳霖老師之前，在股海中載沉載浮，有賺有賠，但最後總結還是賠錢，在朋友的介紹下參加老師的免費課程才知道操作股票也有SOP。因此決定參加老師的所有技術分析課程。

當我慢慢學會看技術線形圖的時候才知道以前總是愛（買）在最高點。恨（賣）在最低點。例如買在領先指標「上升軌道線上沿」，賣在領先指標「下降軌道線下沿」。或股價已經政黨輪替了（由多轉空）我才跳下去買。或（由空轉多）我才賣出去。難怪只有賠錢的份。

佳哉跟陳老師學技術分析讓我止賠反賺

千金難買早知道。雖然今年才跟老師學習技術分析頗有相見恨晚之感。台語有云：「佳哉」。好佳哉現在跟陳老師學習操作股票、期貨、選擇權可以讓我止賠反賺。老師常說：「要為成功找方法，不要為失敗找理由」。努力不一定會成功，因為方法錯誤。我跟老師學到了成功方法之後，以前不敢做期貨選擇權，現在已經敢做了。

老師的書有寫「只要方向對，目標就會到」而股市的方向只有漲、跌、盤三種，而45度線又是判斷漲、跌、盤的法寶。期待老師的大作《45度線獲利秘訣》早日出版嘉惠股友，也祝福新書熱賣銷售長紅。

屏東學員 陳先生

結　語

　　筆者日以夜繼花了半年的時間終於完成本書的著作。也特別感謝讀者耐心的看完這本《45度線獲利秘訣》。不知讀者們是否如前言的文章所言：「技術加分、獲利滿分」。

　　第一位登陸月球的阿姆斯壯有一句名言：「我的一小步是人類的一大步」。雖然45度線是浩瀚技術分析的滄海一栗。但它如小辣椒一般又辛又辣。雖然只是一條線。但可以用「一線定江山，一線判漲跌」來形容。它即是線王亦是寶王。對漲、跌、盤的判定佔有舉足輕重的地位。學會畫45度線，您的技術水平就邁進了一大步。期盼您能體會45度線的妙用。

　　很多讀者看完了我們的一系列書藉之後來電詢問：「看了書以後好像有進步但不知道如何應用？」筆者還是建議您要準備三個口袋。一個要裝「領先指標」。一個要裝「股市三寶」。一個要裝「量價關係」。

　　股市永遠都是漲、跌、盤三道輪迴。而讓此三道輪迴的動力就是「量價關係」。而三道輪迴的轉折點就要靠「股市三寶」。在三道輪迴當中，隨時會出現「領先指標」。它可以讓我們買在相對低點。賣在相對高點。因此筆者烈建議要把「領先指標」、「股市三寶」、「量價關係」這三大法寶記在腦袋，放在口袋。有腦袋就有口袋。有口袋就有財富。

　　然而技術分析也非百分百，何況人非聖賢孰能無

PERORATION

過，知過能改善莫大焉。因此停損就很重要。當我們誤判行情時應即時改進。在此筆者願意再一次分享猴子被補的故事。在國外有很多農場的農作物經常被猴子偷襲，農場主人為了抓猴子想出了一個辦法。農場主人用一顆椰子挖一個小洞，洞口只容許猴子的手伸入。洞裡放了猴子愛吃的餌，再將椰子綁在樹上。猴子看見椰子裡的餌，伸手進入椰子取餌（手握拳），因椰子洞口很小，猴子手握拳因此手抽不出來。此時主人一步一步的逼近猴子，可是猴子還是不願放手且死命的要把餌拿走。無奈洞口太小手抽不出來，終於被主人逮住。試想只要猴子放手（放開手中的餌）馬上可逃離現場不會被逮，「放手」對股市而言就是停損。佛家常言：「放下我執」，就可減少無畏的煩惱。筆者以此故事與投資人共勉。

讀者閱讀本書後若覺得在操作上有所幫助。亦請不吝分享給周遭的親朋好友。或介紹購書。好比我們吃到美食，或欣賞一部好電影也會口碑相傳同沾雨露。筆者當感激不盡。凡事能想到別人的人必然是有肚量的人。有量就有福。這是因果定律。存好心、說好話、做好事必然會有福報。

筆者以書會友，除了感恩還是感恩參加新書發表會、購書、與參加訓練課程的每一位投資朋友。最後真誠的為您們祝福身體健康萬事如意，操作順利成功。

後記 | 陳霖分享

三種力量可圓滿一切罣礙

　　台灣有一位知名法師「海濤法師」，法師慈悲為懷普渡一切有情眾生，創辦「生命電視台」弘法利生。在一次因緣成熟下，收看法師的開示。當天法師開示只要是人皆會面臨一些困難與煩惱的事，要如何解決呢？法師開示可善用三種力量，就可解決心中的罣礙，讓人身心清淨無所罣礙。經過筆者身體力行後果然應驗顯現效果，因此願意藉助本書的出版分享此三種不可思議的力量。

第一種力量「自力」：靠自己努力解決。

第二種力量「他力」：藉助他人的力量幫忙。

第三種力量「法力」：藉由宗教信仰，如佛菩薩或上帝的加持力。

舉例說明：

　　筆者有位小孩國中時因迷上電玩，因此功課不佳。我要如何解決呢？

自力：我自己勸他好好讀書可惜效果不佳，因為網路遊戲太迷人，無法自拔。

他力：藉助導師的力量，請 導師規勸他多讀點書，可惜
　　　效果有限。

法力：後來筆者發願持頌「地藏王普願經」迴向給他。
　　　經過一年後，目前進入高中小孩成績有進步，且
　　　擠入學校資優班，會自己唸書，不用我煩惱。

　　　筆者不是凸顯法力的重要性，而是必須三力具足因
緣成熟效果才會顯現。

林書豪的成功例子

　　　筆者舉林書豪的例子，林書豪當初在NBA球隊坐冷
板凳的時候默默無名。筆者觀察他成功的過程也隱含了
此三種力量的存在。

自力： 林書豪並不會因自己被冷落而放棄努力，反而自
　　　己更加努力練球，堅持到底不願放棄。

他力： 藉助家人的支持撫慰力量以及隊友的鼓勵重拾信
　　　心，有信心就會贏。

法力： 他是基督徒因此時常禱告上帝，請上帝加持。果
　　　然三力具足因緣成熟成為NBA炙手可熱的球員。

我再舉第三個例子，筆者有位朋友身體健康不佳如何解決？

自力：自己努力養成良好的生活習慣，多運動如勤練氣功或其他養生方法。

他力：藉助醫生的力量，配合醫生所安排的療程。

法力：佛教徒可以持大悲咒、佈施、誦經等功德迴向。

　　　　基督徒也可祈禱上帝加持或參加慈善活動。

　　經過筆者建議後我那位朋友現在身體已有改善正在康復中。或許讀者會問：如果沒有宗教信仰如何使用法力呢？很簡單只要心存善念即可。例如：當您經過醫院時，內心由衷的祝福醫院的住院病患早日康復出院。若經過學校門口時，由衷祝的祝福學校同學學業進步。若在馬路上就祝福大家開車平安…等都是法力的表現。

　　凡舉職場、家庭、事業、婚姻…甚至股期權做得不好的朋友都可以藉助上述三種力量改善。讀者不妨試試吧！感恩上帝！感恩海濤法師的開示，阿彌陀佛！

國家圖書館出版品預行編目（CIP）資料

45度線獲利秘訣 / 陳霖著. -- 初版. –
臺南市 ： 怡美, 2012.07 印刷
　　　面；　　公分

ISBN 978-986-82026-4-1（平裝）

1.股票投資 2.投資技術 3.投資分析

563.53　　　　　　　　　　　101010841

45度線獲利秘訣 建議售價：新台幣448元

著　　　者：陳　霖（秋榮）

編　　　校：李振瑋、林傳銘、謝國欽

打　　　字：李振瑋、朱振潔、方宇廷

發　行　人：李端敏

發　行　所：怡美出版社

社　　　址：台南市長榮路2段32巷46弄14號
　　　　　　台南市文平路187巷111號

郵　　　撥：31544374　　戶名：陳秋榮

電　　　話：（06）2958965　傳真：（06）2975943

封 面 設 計：菩薩蠻電腦科技有限公司

行政院新聞局局版臺業字第6258號
★2012年7月初版三刷